图书在版编目(CIP)数据

海上薄层高精度油藏描述/范廷恩著. --青岛：
中国石油大学出版社,2021.5
ISBN 978-7-5636-7117-5

Ⅰ.①海… Ⅱ.①范… Ⅲ.①海上油气田—薄油层—
油藏—储集层描述 Ⅳ.①P618.130.2

中国版本图书馆 CIP 数据核字(2021)第 061997 号

书 名：海上薄层高精度油藏描述

书　　名：海上薄层高精度油藏描述
　　　　　HAISHANG BAOCENG GAOJINGDU YOUCANG MIAOSHU
著　　者：范廷恩

责任编辑：袁超红(电话　0532—86981532)
封面设计：悟本设计

出 版 者：中国石油大学出版社
　　　　　(地址：山东省青岛市黄岛区长江西路66号　邮编：266580)
网　　址：http://cbs.upc.edu.cn
电子邮箱：shiyoujiaoyu@126.com
排 版 者：青岛友一文化传媒有限公司
印 刷 者：山东顺心文化发展有限公司
发 行 者：中国石油大学出版社(电话　0532—86981532,86983437)
开　　本：787 mm×1092 mm　1/16
印　　张：10
字　　数：225 千字
版 印 次：2021 年 5 月第 1 版　2021 年 5 月第 1 次印刷
书　　号：ISBN 978-7-5636-7117-5
定　　价：120.00 元

序

　　中国近海油气田储层主要为陆相薄砂岩,地质条件复杂,开发投资巨大、风险高,而且受海洋地理环境制约,无法像陆上油气田那样进行滚动开发。开发这类油气田时,在仅有少量预探井和评价井的前期研究阶段就要开展油藏精细描述,落实可动用储量规模,指导开发井网和井位设计,为钻井和工程方案研究奠定基础。然而,薄层油藏精细描述一直是业界公认的难题,通常要依赖大量的井筒资料,在海上预探井和评价井较少的条件下,其面临的困难与挑战更大。

　　近十年来,我国海洋石油开发研究人员以问题为导向,积极探索,创新形成了海上薄层油藏精细描述思路、理论和关键技术,有力支撑了数十个国内外海上油气田的开发方案设计和实施,取得了显著的经济和社会效益,但这些成果和经验尚未进行系统总结。《海上薄层高精度油藏描述》的适时面世,将使海上薄层油藏描述技术得到更广泛的认知和推广。

　　该书理论和方法技术先进,实际资料丰富,内容翔实,展现了作者在海上油藏描述研究方面的新理念和新认识。书中充分吸收了国内外最新的油藏描述和表征的理论及技术成果,突破了传统地震分辨率认识的制约,提出了地震识别率的概念,并以海上薄层油藏开发阶段小尺度地质体精细研究为目标,深入系统地论述了低序次断层刻画、薄储层与隔夹层分布预测、切片演绎地震相分析、基于层序地层的高分辨率反演、储层内部非均质性评价和薄层油藏地质建模等关键技术及应用实例。

　　该书是薄层油藏描述实践中的探索与认识的升华,又在实践中修正与完善,深化和发展了薄层油藏描述理论与技术方法,值得油气田开发科技人员和学者们借鉴。

　　是以为序。

中国工程院院士

2021 年 5 月 6 日

前　言

中国是海洋大国,海洋油气资源丰富,但总体勘探程度相对较低(主要集中在近海)。目前国内海上已发现的油藏中,储集层主要为陆相复杂碎屑岩(占总储量和产量的 90％以上),单层厚度小,横向变化快,隔夹层发育,非均质性强,且多为层状边水油藏,天然水驱能量很小,大都需要采用人工注水保持油藏能量的开发方式。

薄层油藏内部非均质性描述一直是其储量品质评价与开发研究的核心问题。由于目标地质体纵向上的尺度大都低于地震分辨率,陆上油田主要依靠密井网信息进行研究。在海上少井高效开发方式下,薄层油藏描述需要更多地依赖地震资料,研究难度更大。笔者 10 余年来持续开展了海上薄层油藏描述针对性研究和实践工作,深入探讨了薄层研究的理论基础,提出了地震识别率的概念,即充分利用地震资料平面高密度采样的优势,预测地质体横向(空间)变化情况,解决低于传统极限分辨能力的地震解释难题;系统总结了以地质模式和规律为指导、井震多信息融合为核心的海上薄层高精度油藏描述的研究思路,形成了低序次断层刻画、薄储层与隔夹层分布预测、切片演绎地震相分析、基于层序地层的高分辨率反演、储层内部非均质性评价和薄层油藏地质建模等实用性技术。基于这些研究及实践的成果,组织编写了本书。

本书内容分八章。第一章主要介绍海上碎屑岩油田开发研究概况和油藏描述的特点及需求;第二章系统总结海上薄层高精度油藏描述理论基础和研究方法;第三章主要探讨低序次断层检测技术及应用效果;第四章详细论述薄储层与隔夹层分布预测技术及实例;第五章重点探讨切片演绎地震相、地震沉积学分析关键技术和典型案例;第六章详细介绍基于层序地层的高分辨率反演技术和应用效果;第七章主要探讨储层内部非均质性评价方法和实例;第八章系统总结海上薄层油藏地质建模方法。

本书从生产实践需求出发,深入探讨海上薄层高精度油藏描述技术的理论、思路和经验,希望能为从事油气勘探开发研究的地质、物探等技术人员提供有益参考。与一般纯理论教材不同，本书内容力图在以下四个方面加以突出：

一是针对性。根据国内近海以薄层为主的小尺度地质目标精细描述的需要，提出了系统的地震解释技术思路和方案。

二是先进性。努力将最新地震解释理论和技术向读者展示，用科学和实践的观点看待技术适用性和所能达到的精度。

三是实用性。突破传统地震分辨率认识的制约，通过生产实践总结，提出了地震识别率的概念，这对帮助相关技术人员解决实际问题将有所裨益。

四是综合性。为解决小尺度地质体地震解释的多解性和不确定性问题，书中各项解释技术均体现了地质与地震、正演和反演综合的特色。

本书在编写过程中得到了中海油开发生产部、天津分公司开发生产部、天津分公司勘探开发研究院等单位的大力支持。同时，中海油研究总院开发总师张金庆教授、原开发研究院院长胡光义教授和西南石油大学尹成教授给予了专业的指导，开发研究院范洪军、宋来明、高云峰、张显文、田楠、樊鹏军、张晶玉、董建华、聂妍、王宗俊、马良涛、蔡文涛、肖大坤、陈飞、杜昕等同事为本书的编撰提供了大力帮助与支持。在此，一并向他们表示衷心感谢！

由于作者水平有限，时间仓促，难免存在不当之处，恳请读者批评指正！

目　录

第一章
海上油田开发阶段油藏描述的特点及需求

目前我国海上已发现的油田仍以复杂陆相碎屑岩储层为主,储层单层厚度薄(多小于传统地震理论极限分辨率,即 $\lambda/4$,其中 λ 为子波波长),隔夹层发育,非均质性强,因此开发阶段要求的高精度油藏描述一直是业界公认的难题。陆上薄层油藏精细描述主要依靠密井网信息开展研究,进行滚动开发。而海上油田必须依靠平台,采用稀疏井网、大井距(一次井网井距多为 600~700 m)开发,开展高精度油藏描述时必须充分利用地震资料,对油藏内部低序次断层、薄储层、隔夹层和储层内部非均质性分布进行表征。

第一节　海上油田开发研究概况

我国海域蕴藏着丰富的油气资源,主要分布在渤海、南黄海、南海珠江口等 7 个海域的大型含油气盆地。根据第三次油气资源评价结果,我国海洋石油资源量为 246×10^8 t,占全国石油资源总量的 23%;我国海洋天然气资源量为 16×10^{12} m³,占全国天然气资源总量的 30%。从探明地质储量的分布来看,我国呈现"北油南气"的局面,渤海原油探明地质储量占全海域的百分比接近 70%,南海天然气探明地质储量占全海域的百分比超过60%。目前国内海上已发现 60 多个油气田,年产量总和超过 5 000×10⁴ t 油当量,已成为国内重要的能源接替区之一。

国内海上已发现的油田主要为陆相碎屑岩储层,占总储量和产量的 90% 以上。这些碎屑岩油田目的层段大多属于扇三角洲、河流相、浅水三角洲等沉积,具有储层厚度薄(单层厚度多在 10 m 以下)、横向物性变化快、隔夹层发育、空间叠置关系复杂等特征(图 1-1)。油藏类型多属于薄层砂泥岩间互形成的多油层边水油藏,天然水驱能量很小,必须采用人工注水保持油藏能量的开发方式。

海上石油开采具有高风险、高科技、高投资的特点,海上采油成本是陆上的 6~10 倍(其中主要为采油平台和钻井工程投资)。由于所处的特殊自然地理环境,海上油气开发必须考虑水深、风浪、潮汐、海流、海冰、海啸、风暴潮、海岸泥沙运动的影响。海上钻井和工程设备的结构十分复杂,需要建设海上采油设施,油气水处理、集输及计量设施,海上采油工艺及修井设备,油气井测试和海上油气田生产管理系统。从陆上到海上,虽然只相差一层海水,但其带来的难度不亚于几千米地层。

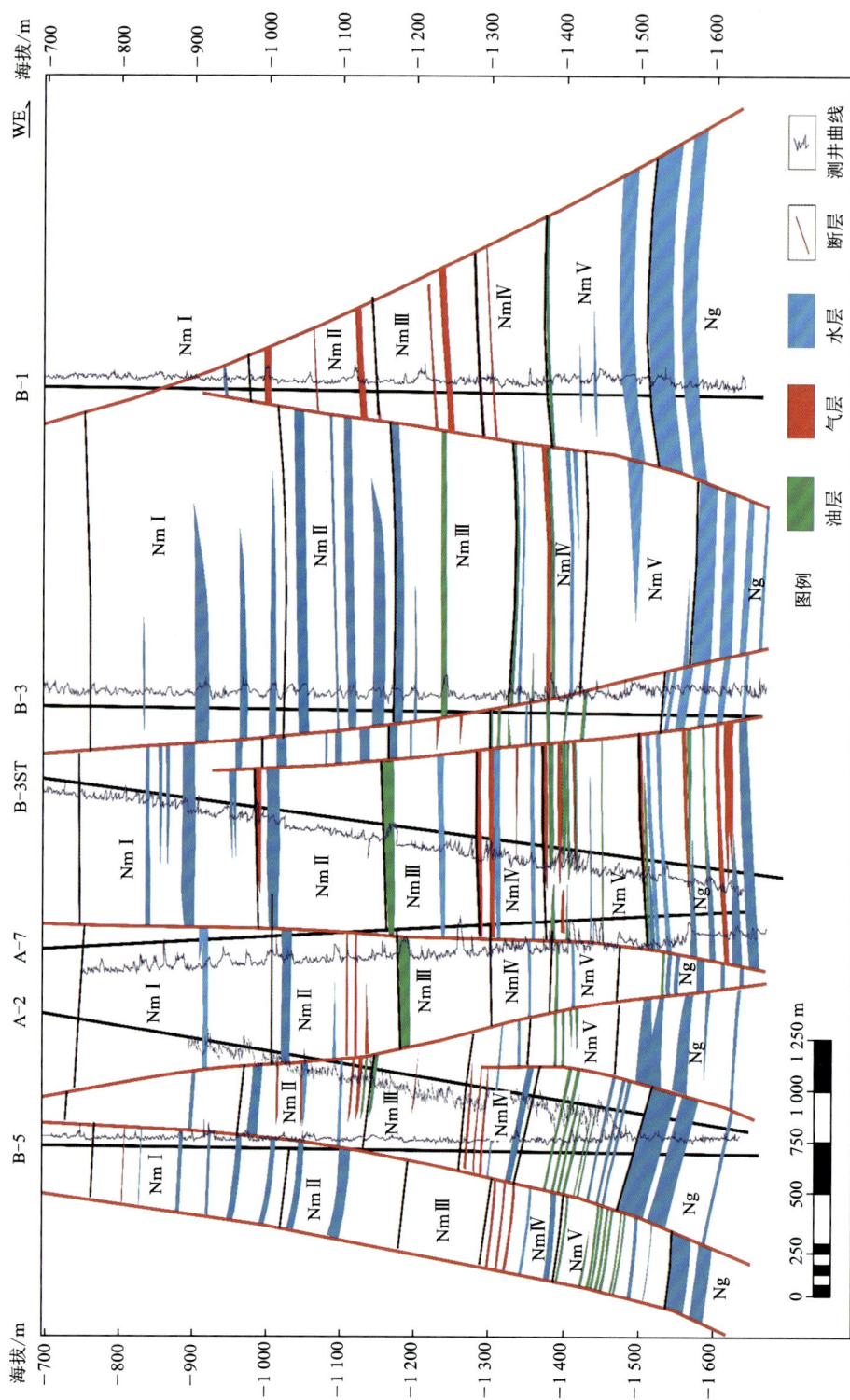

图 1-1 海上典型浅水三角洲沉积砂岩油藏剖面图

海上油气田开发全过程一般分为开发前期研究阶段、工程建设阶段、生产阶段和废弃阶段。其中,开发前期研究阶段是开发决策的关键阶段,指某油气田储量评价基本完成或达到一定程度后,为开发该油气田而进行的包括地质油藏、钻井完井、采油工艺、开发工程、生产作业、健康安全环保、节能减排、油气市场、开发投资及费用估算、经济评价等的相关评价、研究、报告编制,直至总体开发方案(overall development programme,ODP)获得批准的全部工作内容。海上油气田开发前期研究一般要经历开发预可研、可研、ODP研究,此过程一般需2年左右。因下游市场等原因,气田开发前期研究的时间更长。

地质油藏方案(简称油藏方案)研究是海上油气田开发前期研究的关键,需要在勘探研究工作的基础上,利用有限的井震资料对油气田范围进行评价,进行风险分析,准确选定平台位置和建设规模,并避免由于对地下油藏认识不清或推断错误而造成损失。这些工作对油藏描述的精度都有非常高的要求。

第二节　海上油田开发阶段油藏描述的特点

油藏描述是一项对地下油藏构造、储层和流体参数进行三维空间定量描述及预测的综合性技术。油藏描述主要依靠计算机技术,近30年来得到了快速发展,已成为贯穿油田勘探开发始终的重要技术手段之一(穆龙新,1999)。20世纪70年代,斯伦贝谢测井公司首先提出了以测井为主体的油藏描述技术,并于1985年将三维地震及VSP(vertical seismic profile,垂直地震剖面)资料引入油藏描述的井间对比和储层横向展布预测相关研究中。20世纪80~90年代,形成了以物探(测井、地震)为主体的油藏描述。20世纪90年代以来,逐步发展为多学科一体化的综合油藏描述(现代油藏描述),即综合运用地质、测井、地震、生产测试等资料,对油藏的几何形态、储层属性、流体性质及其空间分布情况进行研究,从而为油藏综合评价、油藏数值模拟、储量计算(或复算)、优化开发方案及提高采收率等提供必要依据(穆龙新,2000)。20世纪80年代末,我国开始对复杂碎屑岩油藏描述技术开展攻关研究,并逐步建立了一套陆上油田密井网条件下井震综合油藏方法(王西文,2004;赵文光等,2006;江洁,2011;关达,2015)。

与陆上油田相比,海上油田开发受到平台等设施的限制,无法进行滚动开发,而且通常都是采用大井距、稀井网开发。在开发前期研究阶段仅有少量探井和评价井的条件下,必须开展油藏精细描述,合理预测储量动用和开发指标,以确定开发平台和生产设施的规模。因此,海上油田开发阶段油藏描述更需要充分利用地震资料,解决低序次断层刻画、微幅构造解释、精细岩相模式分析、薄储层/隔夹层研究、储层连通性分析、储量品质评价及剩余油分布预测等低于地震分辨能力的解释难题(范廷恩等,2013),指导开发方案设计、实施和优化。

总体上看,国内以陆相沉积储层为主的海上油田开发阶段油藏描述的特点主要是:

(1)断裂系统发育,油藏内部低序次断层解释不确定性大。国内海上已发现的碎屑岩油田断裂系统普遍发育,其内部的低序次断层通常对储量规模影响不大,但在油田开发过程中往往会影响储层连通性、井间注采关系以及剩余油富集。由于其在平面上的延伸短(延伸长度大多不超过 500 m)、垂向断距小,地震解释的难度和不确定性都很大。

(2)储层厚度薄,横向变化快,储层描述精度要求高。海上碎屑岩油田开发阶段必须精细描述油藏内部储层单层厚度以及物性分布情况,并对储层的连通性进行预测,以保障油田开发方案的合理设计及有效实施。但碎屑岩储层单层厚度往往都小于地震资料理论极限分辨率,研究过程中必须采用精细目标处理和反演等技术来尽力改善地震资料品质,发挥地震资料横向分辨率的优势,突破地震极限分辨率理论制约,创新低于地震分辨能力的解释技术,提高薄储层的描述精度。

(3)碎屑岩油田岩性组合及空间叠置关系复杂,预测难度大。碎屑岩沉积过程中受古地貌、物源特征和流体条件等多种因素控制,垂向上岩性组合、韵律特征多变,储层空间上切割叠置关系复杂,且常常发育较多的隔夹层,导致油藏存在严重的非均质性。然而对于复杂的岩性组合及空间叠置关系,地震响应特征具有较强的多解性。开发阶段油藏描述研究过程中需要根据碎屑岩沉积模式,充分利用地震正演模拟和精细的地震属性分析技术提高地震综合预测能力。

(4)碎屑岩分布主控因素和规律明显,开发阶段油藏描述应遵循沉积规律,逐级细化,不断提高预测能力。碎屑岩受沉积作用控制明显,现有沉积模式认识较为清楚,地质知识库不断丰富。开发阶段油藏描述应根据沉积模式和规律,从宏观到微观,以可分辨控制不可分辨,逐级细化,从而避免因地震资料分辨率不足带来的多解性问题。同时,充分利用地震资料的空间识别能力,降低碎屑岩油藏描述的不确定性,有效保障开发生产。

第三节　海上碎屑岩油田开发油藏描述的技术需求

目前地震数据是唯一能够"全三维"覆盖油气藏的实际资料,因此地震资料的精细解释对油藏描述来说是极其重要的。针对碎屑岩油田开发阶段油藏描述的任务和特点,必须突破传统地震分辨率理论的制约,进一步发展地震高分辨率技术,并通过地震资料与井孔资料等的充分融合,深入开展低于地震分辨能力的解释技术研究及应用。

1. 地震资料品质分析技术

地震解释过程中,通常首先要综合地震采集、处理参数以及油气藏地质特征分析地震资料品质,以明确解释技术的选择和解释结果的可靠性。地震资料品质分析技术主要包括:

(1)信噪比分析技术。主要利用能量叠加法、特征值法等估算油气田范围内目的层段的信噪比。

(2)保幅性分析技术。主要利用地震正演模拟方法,分析正演模拟的地震响应特征(振幅、频率、波组及 AVO 响应特征)与实际地震资料的相关性。

(3)分辨率分析技术。主要利用地震资料和地层参数,计算目的层段的地震纵、横向分辨率。

（4）识别率分析技术。主要结合井震标定和地震正演模拟，分析实际资料对储层空间变化特征的表征能力。

（5）异常区带分析技术。主要通过地震采集参数分析、井震标定、地震剖面波阻特征分析、速度空间变化特征研究等手段，确定受地震采集情况、浅层异常地质体或气云区等因素影响的低品质地震资料分布范围。

2. 地震解释性目标处理技术

常规地震资料处理大都以区域性构造和地层结构成像为目标，处理成果数据常常难以满足小尺度精细油藏描述研究的要求。因此，开发阶段往往需要进一步根据生产问题和对研究区地质规律的认识，对地震资料进行解释性处理，改善目的层段地震资料品质，提高地震资料分辨和识别能力。目前，地震解释性目标处理技术主要包括重采样、断层增强（如相干体、蚂蚁体和断层似然体）、噪音压制、时频分析、三瞬处理、提频/拓频/精确补偿提高分辨率（如反 Q 滤波、蓝色滤波、零相位反褶积、固定子波反褶积）等。

3. 低序次断层刻画技术

低序次断层在地震剖面上通常表现为同相轴微小错开或扭曲、振幅突然变弱等特征，常与岩性变化所引起的反射层同相轴变化特征相似，识别和解释难度较大，需要综合断层增强处理、蚂蚁追踪和真三维解释等技术才能有效刻画。

4. 高分辨率反演技术

高分辨率反演是开发阶段储层地震精细解释和定量描述的基础。目前，高分辨率反演技术主要包括地质统计学反演、地震波形指示反演和无井约束叠前智能参数优化同步弹性反演等技术。但实际应用中，反演精度往往受初始低频模型、地层框架模型和反演参数的影响较大，还需要根据层序地层学原理以及储层地质特征选取合理的模型和参数，才能获得理想的反演效果。

5. 切片演绎地震相分析技术

常规地震解释技术通常对五级乃至六级层序地层单元难以再细分，无法满足储层内部结构特征和复杂的薄互层储层预测研究的需要。切片演绎地震相分析技术是在等时地层隔架约束下通过切片地震属性分析，划分各等时单元地震微相，并结合沉积相演变规律，实现对五级乃至六级层序地层单元沉积分布特征的描述（范廷恩等，2012）。

6. 薄砂岩储层和隔夹层分布预测技术

在开发阶段，低于地震分辨率的薄砂岩储层和隔夹层分布是制约井型、井网和井位设计以及剩余油挖潜的关键难题。实际工作中，需要以可分辨控制不可分辨的思路进行研究。对于地震资料无法分辨的薄砂岩储层，在地层砂泥比较低、背景泥岩稳定分布的条件下,可通过以泥控砂的方法对薄砂岩储层进行预测。反之,对于地震资料无法分辨的泥岩隔夹层,在地层砂泥比较高、背景砂岩稳定分布的条件下,可通过以砂控泥的方法实现隔夹层分布的合理预测。

7. 储层内部非均质性评价技术

储层内部非均质性是决定油气田开发方案设计和实施效果的根本,也是开发阶段油藏描述的核心问题。目前已形成的一些针对性技术主要包括基于常规地震属性的非均质性评价技术、基于分频技术的薄储层非均质性分析技术、基于神经网络方法和谱分解的非均质性定量评价技术等。但今后仍需以地震资料为核心,进一步综合测井、岩心、生产动态信息,不断提高地震识别尺度的储层连续性和非均质性评价技术。

8. 薄层油藏地质建模技术

由于薄层油藏的多维度、多尺度非均质特征与三维地质模型的有限网格之间存在表征矛盾,因此在油田开发的不同阶段,虽可采用不同精细程度的网格建模,但基于薄层研究尺度,充分发挥地震信息的约束作用是开展薄层油藏精细表征的关键。

参考文献

陈伟,孙福街,朱国金,等,2013.海上油气田开发前期研究地质油藏方案设计策略和技术[J].中国海上油气,25(6):48-55.

杜世通,王永刚,1993.地震参数综合处理方法在储层横向预测中的应用[J].石油大学学报(自然科学版),17(1):8-15.

范廷恩,等,2013.中国海上油气地质地球物理开发技术研究[M].成都:四川科学技术出版社.

范廷恩,胡光义,余连勇,等,2012.切片演绎地震相分析方法及其应用[J].石油物探,51(4):371-376.

关达,2015.提高碎屑岩地震储层预测精度的一种解释方案[J].海洋地质前沿,31(7):59-65.

江洁,2011.叠前地震属性在河流相储层预测中的应用——以新北油田为例[J].海洋地质前沿,27(3):58-62.

凌云研究组,2004.地震分辨率极限问题的研究[J].石油地球物理勘探,39(4):435-442.

刘伟,尹成,王敏,等,2014.河流相砂泥岩薄互层基本地震属性特征研究[J].石油物探,53(4):469-476.

穆龙新,等,1999.不同开发阶段的油藏描述[M].北京:石油工业出版社:12-30.

穆龙新,等,1996.油藏描述新技术[A]//中国石油天然气总公司开发生产局.油气田开发新技术汇编(1991~1995).北京:石油工业出版社:1-11.

穆龙新,2000.油藏描述的阶段性及特点[J].石油学报,21(5):103-108.

钱荣钧,2007.对地震切片解释中一些问题的分析[J].石油地球物理勘探,42(4):482-487.

王西文,周嘉玺,2002.滚动勘探开发阶段精细储层预测技术及其应用[J].中国海上油气(地质),16(4):260-270.

王西文,周嘉玺,2003.油田开发阶段的全三维地震解释技术及其应用[J].中国海上油气(地质),17(5):320-329.

王西文,2004.精细地震解释技术在油田开发中后期的应用[J].石油勘探与开发,31(6):58-61.

王永刚,乐友喜,张军华,2007.地震属性分析技术[M].东营:中国石油大学出版社:1-250.

张进铎,2006.地震解释技术现状及发展趋势[J].地球物理学进展,21(2):578-587.

张军华,王庆峰,张晓辉,等,2017.薄层和薄互层叠后地震解释关键技术综述[J].石油物探,56(4):459-471.

赵文光,彭仕宓,董彬,等,2006.油田开发过程中碎屑岩储层预测[J].石油天然气学报(江汉石油学院学报),28(3):237-239.

第二章
海上薄层高精度油藏描述理论基础

海上薄层油藏开发阶段,低序次断层、薄储层及隔夹层等小尺度研究工作一直受到传统地震极限分辨率理论的制约。笔者结合地震高分辨率技术研究进展,提出了地震识别率的概念,并通过针对性的目标处理、反演和解释方法研究,有效解决了海上薄层高精度油藏描述的难题。

第一节　地震高分辨率技术进展

提高分辨率是地震勘探技术研究的永恒主题。20 世纪 70 年代后期,随着地震勘探的难度日益加大以及对精确、精准勘探要求的不断提高,逐渐出现了地震高分辨率技术。近 20 年来,得益于电子技术、计算机技术的不断突破,高分辨率地震技术也得到了快速发展。地震技术在实际应用中已逐步演化为两大类技术,即勘探地震技术和开发地震技术。近 10 多年来地震高分辨率技术的进展主要体现在开发地震技术方面,已成为油田开发中储层预测、油藏描述和表征、油藏监测的主要手段之一。

一、地震高分辨率技术简介

在各类物探技术中,地震勘探技术得到快速发展和广泛应用主要是因为其精度高、空间覆盖能力强。随着油气勘探开发目标复杂程度的增加(目标变小,隐蔽类型多),要求地震勘探具有更高的精度,因而出现了高分辨率地震勘探(俞寿朋,1993)。

地震技术的发展和进步主要有六次大的飞跃(李庆忠,1994),具体为:

第一次飞跃(20 世纪 30 年代),由折射波地震法改进为反射波法,出现了带自动增益控制及 RC 电路滤波器的地震仪,开始使用组合检波器技术。

第二次飞跃(20 世纪 50 年代),出现了模拟磁带记录仪,地震剖面信噪比大幅度提高,实现了多次覆盖技术。

第三次飞跃(20 世纪 60 年代),出现了数字地震仪,实现了数字处理、反褶积及速度滤波技术。

第四次飞跃(20 世纪 70 年代初),主要标志是偏移归位成像技术。

第五次飞跃(20 世纪 70 年代后期),出现了三维地震勘探技术。20 世纪 80 年代后,各种子波处理技术、反褶积技术及波动方程偏移技术逐渐趋于完善;在解释方面,由于成像技术的提高和三维数据体资料的极大丰富,针对解释工作过于繁重的问题,产生了解释工作站。

第六次飞跃(20 世纪 90 年代),高分辨率与三维地震的结合使地震技术从勘探向开发快速延伸,井中地震和时移地震技术得到了迅速发展和广泛应用。

地震技术从二维到三维、从叠后到叠前、从声波到弹性波、从各向同性到各向异性、从单一学科到多学科综合的快速转变显著推动了地震高分辨率技术的发展。

地震高分辨率技术是一个系统工程(李庆忠,1994),贯穿野外采集、室内资料处理和解释各环节。野外采集是获取高分辨率地震资料的基础,要从激发宽、高频信号,减小表层对高频信号的衰减,提高仪器记录微弱高频信号的能力以及压制噪声等方面来提高采集信号的频率成分。地震资料处理是高分辨率地震勘探的关键,要从噪声压制、球面扩散校正、吸收补偿、同相叠加、提高高频端信噪比及拓宽有效频宽等方面来提高地震资料的信噪比、分辨率及保真度。精细解释是实现地震高分辨率技术的最终目标,要从高精度井震标定、高分辨率反演、真三维精细解释和地震地质综合分析等方面提高油藏描述的能力和精度。

二、地震高分辨率采集技术

近年来,随着电磁控制、采样理论等相关技术的进步,地震震源控制能力和检波器灵敏度得到显著提高,地震采集理念、技术和质量都发生了明显变化,为地震高分辨率采集奠定了基础。地震高分辨率采集技术向精细采集(单点、超多道、高密度)、多源高效采集、高密度采集(全数字、全波场)等方向快速发展(赵殿栋等,2001;何汉漪,2001;Beaudoin et al.,2006;Smit et al.,2008;李绪宣等,2016)。

地震高分辨率采集过程中,激发震源产生的子波应满足宽频带、高主频、高信噪比的条件。围绕如何提高高频信号的能量,并充分利用炸药的激发能量,减弱表层干扰波的能量,研究人员创新了很多特殊激发震源(刘振武,2013),如地震专用炸药 dBX(WesternGeco 拥有的商标)、垂直延迟叠加震源、爆炸地震锤等。与炸药震源相比,可控震源(空气枪震源、电火花震源、声呐震源和水枪震源等)具有震源信号可记录和可重复,信号频带、相位、出力易调整,激发效率高等优势(汪恩华等,2013)。可控震源在国内外地震采集中已成为常规使用的震源,海上主动源采集也已全部使用可控震源。可控震源装备向着两个方向发展:一是大型宽频、大出力震源;二是灵活方便的小型、窄带震源。前者能提高储层分辨率,改善深部成像、盐下成像及火成岩地表下的地质目标成像;后者能更适应复杂施工环境,布置和使用更加方便,也更适合分布震源组合采集的需求。从可控震源参数看,低频震源已逐渐成为主流趋势,最低激发频率达到 0.5 Hz。可控震源高效激发技术带来了采集技术的突破,以往的逐炮采集发展成多震源同时激发、检波器连续记录多炮的叠加波场的多源地震采集,在相同的时间内能记录到更多的地震数据。数据冗余有利于降低假频,提高资料质量。陆地多源地震目前都是用可控震源将前述激发方式编码后进行采集的。海上多源采集形式多样,根据震源船、拖缆船的不同组合以及震源船上的震源配备,形成了环形、双环形、多环形多船、多源长偏移距双方位角、双船-多源地震采集技术。海洋多源地震还可与双缆、斜缆和犁式缆等技术结合(杜向东,2018),提高采集质量。

较小的时间采样率、高灵敏度地震仪也是实现地震高分辨率采集的关键因素。随着计算机、网络技术等高科技行业新技术成果的快速融入,地震仪器技术得到了迅速发展(刘振武,2013)。按数据传输方式,地震仪器可分为有线地震仪和无线地震仪,其中无线地震仪又可以分为实时数据回传系统(如 Wireless RT2,Sercel Unite)和节点系统(如 Geospace GSX/GCX,Inova Hawk,Fairfield Nodal Zland,Sercel Unite)两类。实际上 Sercel Unite 兼具这两类系统的特点,在小范围使用时可以实时回传数据,也可独立进行盲采。有线地震仪的发展主要体现在 200 000 道 2 ms 以上实时采集能力、有线无线融合的采集方式、高效采集技术、高效施工技术、海量数据高速传输处理技术、一体化(设计、采集、处理)软件技术等方面。目前勘探市场最先进的有线地震仪主要有 Sercel 公司的 508XT、WesternGeco 公司的 UniQ 和 INOVA 公司的 G3iHD,代表了业界的最高水平。508XT 系统可将有线采集系统及无线采集系统的优势和技术特点完美结合。无线节点设备中,以 Geospace 公司的 GSR 节点、Fairfield 公司的 Zland 及 INOVA 公司的 HAWK 节点为代表,具有自主记录数据、摆脱线缆束缚、大量节约人工的特点,一经面世就在地震采集行业得到迅速推广和应用。当今国际上的无线仪器制造公司主要有 Geospace,Sercel,INOVA,Fairfield 和 WSI 等。

目前地震采集理念已由传统的注重覆盖次数转向以波场为中心的目标采集。"两宽一高"(宽频、宽/全方位、高密度)地震高分辨率采集成为主流(刘依谋等,2014;王学军等,2015),代表性的有 WesternGeco 公司的 Q 技术系列(Q-Land,Q-Marine,Q-SeaBed,Q-Reservoir 和 Q-Borehole)、CGG 公司的 Eye-D 技术、PGS 公司的 HD3D 技术、中国石油集团东方地球物理勘探有限责任公司的 PAI-KG 技术。其中,Q 技术系列是 WesternGeco 公司 2001 年推出的一项高密度地震技术,采用单点接收室内数字组合技术,达到提高信噪比、分辨率和保真度的目的。CGG 公司的 Eye-D 技术于 2004 年 6 月正式投放市场,通过小道距、小炮点距、宽方位等手段获取地下高质量数据。PGS 公司的 HD3D 采集技术采用小面元、高道密度三维接收与激发,面元通常为 6.25 m×12.5 m,甚至达到 3.125 m×12.5 m。中国石油集团东方地球物理勘探有限责任公司的 PAI-KG 是应用国产低频可控震源 KZ28LF、带道能力超过 5 万道的 G3i 地震仪、采集设计软件 KLSeis、处理解释软件 Geo East 实现自主知识产权的"两宽一高"地球物理勘探技术系列,在中东、中亚、非洲和中国西部为多家油公司进行过优质油气勘探技术服务(王学军等,2014)。

三、地震高分辨率处理技术

高分辨率地震资料处理是在数据有效采集和处理的基础上,合理恢复地震记录的高频和低频信息,有效拓宽频带宽度,提高主频。其本质是对弱有效信号(一般指高频和低频成分)进行真振幅恢复。目前处理人员已研发了很多针对性的提高地震资料分辨率的处理技术。常用的地震高分辨率处理技术有 3 类,即吸收补偿技术、反褶积技术和基于时频谱的频率恢复技术。

1. 吸收补偿技术

吸收补偿处理是高分辨率处理的一项重要内容,既能使振幅得到有效恢复,又能改善资料的横向一致性,为后续的反褶积处理奠定良好基础。吸收补偿技术以吸收衰减模型(如 Kjartansson 模型)为基础,对大地滤波引起的振幅衰减和相位畸变进行补偿和校正。常用方法是反 Q 滤波,即在合理估算地下 Q 场分布的前提下,按照理论衰减模型,对各频率成分进行振幅补偿和相位校正。补偿效果较依赖于 Q 值精度和资料与模型的匹配度。

在反 Q 滤波的具体实现方面,不同学者提出了不同的算法。1981 年,Hale 基于 Futterman 模型研究了大地滤波器对地震波能量的吸收衰减作用,然后通过大地滤波的反运算实现了地震波能量的补偿,提出了最早的反 Q 滤波算法。1985 年,Bickel 和 Natarajan 基于 Strick 模型提出了一种反 Q 滤波算法,但算法的效率较低。1987 年和 1991 年,Hargreaves 等将 Stolt 频率波数偏移应用到反 Q 滤波中,基于最小相位的假设,设计出一个非常新颖的能恢复相位畸变的反 Q 滤波算法。1994 年,裴江云和何樵登基于 Kjartansson 速度频散关系,利用含有衰减的震源响应的级数展开提出了一种能够同时恢复相位和补偿振幅的反 Q 滤波算法。1994 年,赵圣亮等提出了一种改进方法,有效补偿了地震波传播时的高频成分损失频谱。1996 年,凌云等提出了时频域范围内的地层衰减补偿办法。1996 年,Bano 将常 Q 模型相位反 Q 滤波拓展到层 Q 值模型。1998 年,安慧等提出了 VSP 资料的程变反 Q 滤波,该方法不受干扰的影响,能有效提高 VSP 资料的信噪比和分辨率。地层吸收的反 Q 滤波算子与频率、时间和品质因子有关,因此对地震信号在时频域内的补偿方法是可行的。1999 年,白桦提出了用短时傅里叶变换在时频域内对地震波的衰减补偿,但由于短时傅里叶变换的时窗宽度固定,无法解决在实际信号中分析的要求。2000 年,李鲲鹏利用小波包分解的方法,首先将地震信号分解为频宽较窄的不同频段的信号,然后在尺度域内进行地震波能量衰减补偿。2002 年,Wang Yanghua 提出波场延拓条件下的稳定反 Q 滤波算法,该算法不仅可以对振幅的衰减进行补偿,也可以对相位畸变进行校正,且运算效率较高。2006 年,Wang Yanghua 又进一步引入伽柏时频谱,将其推广到 Q 值随时间变化的情况,提高了计算效率和补偿结果的稳定性。2003 年,姚振兴等根据地震波在非弹性介质中的传播规律,提出了在深度域地震资料进行反 Q 滤波的方法,不仅考虑了介质吸收对地震波振幅的影响,还保证了所造成的波形畸变满足因果规律。基于爆炸反射界面模型,2011 年,Wang Shoudong 将反 Q 滤波问题归于反演问题,采用正则化方式提出了基于反演的衰减补偿方法,在实际应用数据处理中取得了有效的效果。2013 年,Igor L. Braga 基于一维连续小波变换,并利用尺度和频率的关系,将反 Q 补偿算子变换到时间尺度域,通过时间尺度域进行地震波能量的吸收补偿,模型测算验证该方法可以取得很好的效果。2013 年,Liu 等研究了局部时频变换,该方法可以调节选取谱分解的频率范围和频率采样间隔,解决了短时傅里叶变换窗函数尺度固定与小波系数无法提供波形频率估计值的精度问题,适用于非平稳地震信号的时频分析。2014年,杨学亭基于一维连续小波变换方法和基于 Kolsky 衰减模型的大地滤波算子,在时频域内实现了地震波能量的衰减补偿。2014 年,陈增保等提出了一种在伽柏时频谱上实现的带限稳定反 Q 滤波算法,能实现高效稳定的补偿。2015 年,张固澜等针对固定增益函数容易造成深层地震资料高频补偿不足的缺点,提出了一种增益限和稳定因子都是时变且都自适应于地震数据有效频带截止频率的自适应增益限反 Q 滤波振幅补偿方法,较好地恢复了地震资料有效频宽内的能量。2016 年,翟鸿宇提出了一种考虑地层吸收衰减作用的微震源机制反演方法,并利用费雷谢偏导矩阵的 SVD 分解(特征值分解)方法,分析研究了地层吸收衰减因子变化对微地震震源机制反演分辨率的影响。

目前应用较多的 Q 相关技术主要有反 Q 滤波技术、近地表 Q 补偿技术、黏弹性叠前偏移技术以及基于 Q 场层析的叠前深度偏移技术。

2. 反褶积技术

反褶积技术以褶积模型为基础,通过压缩地震子波达到提高地震资料时间分辨率的目的。反褶积方法主要分频域反褶积和时间域反褶积两种形式,它们都基于 Robinson 褶积模型。

1967 年,Robinson 等建立了预测反褶积的理论基础,有效压制了海上鸣震和多次波。1971 年,Ulrych 提出了同态反褶积技术,规避了地震子波最小相位及反射系数白噪的假设,可以同时提取地震子波和反射系数。1978 年,Wiggins 提出了最小熵反褶积技术,有效加强了尖脉冲的特性。1981 年,Kormylo 提出了最大似然反褶积方法,有效解决了传统反褶积无法实现信噪分离的缺点。随着盲系统理论的成熟,1994 年,Haykin 详细探讨了盲反褶积,与假设很多理想条件的常规反褶积相比,无任何假设条件的盲反褶积具有较好的实用价值。20 世纪 90 年代末,随着小波分析的深入研究和应用,1999 年,章珂基于二进小波变换提出了一种新的多分辨率地震信号反褶积方法,在地震信号二进小波变换域中的各尺度上分别进行其分辨率随小波尺度变化的反褶积,利用不同分辨率反褶积结果之间的相关性及测量噪声随尺度的衰减特性,从低分辨率反褶积结果逼近高分辨率反褶积结果。1998 年,Milton 通过对地震记录进行相位扫描,修正了传统的子波提取形式,提出了混合相位反褶积方法。1998 年,赵波等结合了谱模拟反褶积的思想,将谱模拟反褶积和统计性反褶积方法相结合,在谱模拟的基础上得到更准确的地震记录自相关值,更好地估计出子波,灵活地实现了频域反褶积和时间域反褶积的切换。2010 年,唐博文等基于子波是光滑的假设,通过对地震记录进行两次傅里叶变换得到了地震记录的二次谱,再通过低通滤波的方式分离出子波和反射系数,提出了谱模拟反褶积的一种新途径。为更加符合实际地震波的传播情况,1968 年,Clarke 最早提出了时域非平稳反褶积思想。2007 年,彭才等利用小波变换对地震记录进行时频谱谱分析,采用箱状平滑的方式估计出动态子波并进行反褶积。2011 年,Margrave 利用 Gabor 变换,将时间域地震记录转换到时频域,通过对每个时窗的地震记录振幅谱进行谱模拟,提取出动态子波时频谱,推导出时频域褶积模型,突破了传统的褶积模式。2012 年,李国发等根据实际反射系数序列的非白噪特点,提出了有色反褶积,将信号纯度谱作为反褶积输出的期望振幅谱并进行有色补偿,提高了地震资料的分辨率。2013 年,刁瑞等结合 Gabor 反褶积的思想,将广义 S 变换与谱模拟反褶积方法相结合,弥补了 Gabor 变换窗函数固定的缺陷。2013 年,李芳等提出了径向道域变步长采样叠前非稳态反褶积处理方法,基于径向道域数据比时间域数据更符合非稳态模型关于地震波垂直入射的假设,将非稳态反褶积拓展到径向道域实现,提高了同相轴在横向上的连续性,其对远炮检距和深层的地震资料恢复效果更好。2014 年,张漫漫等利用广义 S 变换来提取子波时频谱,通过 S 变换提取时间域的时变子波,进行反褶积。2015 年,郭廷超等利用多道加权的方法对地震记录时频谱进行谱模拟,并在求取反褶积算子时考虑噪声的影响,实现了时变反褶积。2016 年,Zhou 利用改进广义 S 变换在时频域反褶积,通过改进广义 S 变换参数的选取增加了处理的灵活性,也取得了一定效果。2016 年,Ali Gholami 利用 Gabor 变换,将反褶积投影到时间-时间域,通过反演方式来获取反射系数。

目前较为先进的工业化反褶积技术是斯伦贝谢公司提出的地表一致性稳健反褶积技术,它能在提高频率的同时压制反褶积所引起的噪音,具有较高的信噪比。

3. 基于时频谱的频率恢复技术

基于时频谱的频率恢复技术在时间-频率(尺度)域进行高频和低频信息的恢复处理,达到压缩子波、拓宽频宽的效果。其关键在于对非稳态地震子波的振幅和相位进行合理估计。

2009 年,高静怀等考虑到地震子波的时变特征,基于变子波模型对地震资料进行分段处理,在提高分辨率的同时较好地保持了地震资料的相对能量。2009 年,汪小将等将 Hilbert-Huang 变换引入地震资料处理中,通过统计不同时间和不同频率的能量分布,求取时频域的补偿因子,在保持地震资料相对振幅的同时提高了分辨率。2014 年,尚新民等将改进 S 变换与谱模拟方法相结合,形成时频域谱模拟方法,并通过降低反射系数非白噪成分对子波振幅谱模拟的影响有效提高了分辨率。2014 年,周怀来等将广义 S 变换引入基于时频域的动态反褶积处理中,不用直接求 Q 值,适用于变 Q 值情况,该方法不仅能提高地震资料分辨率,还能有效补偿深部地层能量。2015 年,张军华等根据压缩感知理论,用有限频宽地震资料恢复低频信息,实现了低频成分频宽的有效拓宽。

频率恢复处理过程中,相对于高频信息,低频信息对增强剖面层次感、提高反演精度的作用更重要,但恢复难度也更大,在今后高分辨率地震资料处理中应更注重低频信息的保护和恢复。

实际应用中,地震资料高分辨率处理前应进行资料品质分析,尤其是对拓宽频宽潜力进行合理定量估计,并充分考虑信噪比和保真度等因素。地震资料高分辨率处理对地震剖面的影响体现在两方面,即多数同相轴变细、增多以及部分同相轴能量变弱甚至消失。因此,高分辨率处理剖面评价不仅要分析同相轴增多现象,还应注意同相轴弱化或变少的情况。

四、地震高分辨率解释技术

与普通三维资料相比,高分辨率三维资料对小断层、微幅度构造、地层沉积现象、储层结构等的分辨能力明显提高。随着地震资料品质和勘探开发生产需求的变化,地震解释的工作量和难度也明显增大,并逐步形成了目标处理-反演-解释一体化的地震高分辨率解释技术体系,地震高分辨率解释具体包括解释性目标处理、高精度地震反演、三维可视化解释、地震相分析、地震属性分析等技术。

(一) 解释性目标处理技术

地震高分辨率解释过程中,往往要在地震资料品质分析的基础上,根据目标地质体反演和解释研究的需要进一步开展一些优化处理。解释性目标处理具体包括叠前道集优化处理、断层增强处理、叠后提高分辨率解释性处理等技术。

1. 叠前道集优化处理技术

用于叠前反演的地震道集必须具备高的质量,因此需要对叠前道集进行更加精细的处理。在保证反射波振幅相对强弱关系的同时,要求共反射点道集(CRP)更加平直,动校拉伸效应更小,信噪比更高。近年来国内外学者先后提出了许多优化处理的技术和方法。2007年,吴常玉等提出的叠前地震数据规则化处理技术和叠前随机噪声衰减技术解决了不同工区叠前偏移成像的问题。2008年,程玉坤等采用高密度速度分析技术,实现了CRP道集无时差叠加。2009年,刘素芹等针对复杂构造,采用逐步逼近法对叠前道集进行处理,进行深度偏移成像。2012年,张征等提出了各向异性动校正来处理道集中存在的剩余时差。2014年,许自龙等提出了分波形剩余时差校正和基于横向滑动的时空变小波阈值保真去噪方法,提高了剩余时差校正的精度,且较好地保证了去噪过程中的保真性。2015年,许璐等提出了基于结构中值滤波的CRP道集优化处理技术。2016年,周鹏等提出了一种与剩余时差无关的绝对值互相关道集拉平方法,能较好地校平叠前地震道集和去除远道波形畸变。1999年,Hinkley等提出了自动拉平道集技术,使叠前道集更加平直,利于AVO解释。2010年,Canning提出了AVO分析和反演前的道集保幅方法,对偏移后的叠前道集振幅恢复起到了较大作用。这些方法都能有效提高道集品质,但大多忽略了各种道集优化方法不同的组合,而合理的组合可以更好地优化道集。由此,出现了各种处理方法的不同组合。2013年,刘力辉等提出了基于岩性预测的"去噪—吸收补偿—提频—拉平校正"组合方法,成功应用于岩性预测的CRP道集;2016年,应明雄等从提高AVO计算精度的角度出发,提出了一种针对叠前道集的"去噪—拉平—切除"组合的优化处理技术,该组合技术对具有噪声干扰严重、道集不平、远道集畸变拉伸严重等问题的地震数据具有较好的处理效果,与单一优化道集的方法或不合理的组合技术相比,具有较好的优化处理结果。

2. 断层增强处理技术

在断层图像特征检测及增强方面主要存在相干体技术和边缘滤波技术,这些技术都是近 20 年来发展起来的。1996 年,Amoco 石油公司由 Bahorich 和 Farme 将地震相干体性质作为一种独立的地震属性提取出来,并在 1997 年由相干技术公司 CTC 和 Amoco 申请专利。相干体技术可清楚识别断层和地层特征,为识别油藏特征提供了有力依据。相干体算法目前已形成 C1,C2 和 C3 三代算法,从单道相关发展到多道相关算法。由于相干体算法受信噪比影响较大,无论是 C2 算法还是 C3 算法,都无法从根本上消除噪声带来的影响,因此许多新方法被用来检测断层和增强断层结构特征。1990 年,廖新华等提出了基于谱分解的断层识别技术。基于图像处理的构造导向滤波技术就是一种用来识别断层的有效方法。非线性滤波、边缘保护滤波等基本滤波方式都对图像的结构进行加强,从而使断层特征能清晰识别并得到加强。1993 年,Deng 等首先将高斯滤波应用到噪声压制和边缘检测中。1993 年,Weickert 等对一致性增强扩散滤波进行了改进,提出了地震断层信息保护扩散滤波方法。1997 年,van Ginkel M 等对方向进行分类滤波选择,对图像方向信息进行检测。1999 年,Fhemers 和 Hocker 引入了扩散滤波,并将其应用到地震解释中,提出了构造约束、边缘保护的各向滤波扩散技术,增强地震数据的结构特征以便于解释。1999 年,Bakker 等将 Kuwahara 滤波技术引入断层增强处理中,通过分析不同结构特征进行方向预测,有效增强了断层结构特征。2004 年和 2006 年,孙夕平等、王旭松等分别探索了各向异性的非线性扩散滤波。2006 年,郭圣文等提出了一种基于结构张量的图像特征检测与增强方法,增强了图像中流状结构。2007 年,Lavialle 等提出了保护地震断层的扩散滤波方法,突出了断层信息。2009 年,Jan Eric Kyprianidis 等针对 Kuwahara 滤波形式提出了结构特征增强的形式。2009 年,王文远等提出了基于图像信噪比,并以此选择优化高斯滤波尺度算法。2009 年,Wang Wei 等通过结构导向的高斯滤波器对地震资料细节信息进行保护增强,对剖面的各向异性信息进行分析,加强了断层等细节。2010 年,Liu Y 等对地震道结构进行预测,同时较好地压制了噪声和保持了图像结构信息。2010 年,张尔华等提出了非线性各项滤波器,并用来加强三维地震资料结构特征。2010 年,钱晓亮等引入中值滤波去除强噪声点并保留图像信息,提出了基于目标尺度的自适应高斯滤波。2010 年,杨培杰等在 Kuwahara 滤波的基础之上提出了一种方向性边界保持断层信息增强技术,对断层进行保护。2011 年,钟勇等提出了基于结构张量的三维地震剖面增强方法。2012 年,李光明等提出了基于图像信息断层增强方法,将图像各向异性信息与 Kuwahara 滤波结合,保持了边缘图像信息。2013 年,严哲等提出了基于各向异性扩散滤波的地震图像增强处理,通过相干属性值保护断层因子来实现断层增强。2014 年,刘洋等提出了基于构造导向滤波断层检测方法,通过非平稳相似系数构造导向滤波提出了一种断层自动检测技术。2017 年,赵苏城通过梯度结构张量信息确定地震剖面方向信息,估算地层倾角和同相轴走向,并以此为约束条件,结合 Kuwahara 系列滤波的方式增强图像不连续性信息(边缘信息),从而增强断层特征,有效去除噪声。

3. 叠后提高分辨率解释性处理技术

在利用叠后地震资料进行解释过程中,针对不同解释目标,往往需要进一步提高分辨率,以提高解释的精度。常用的叠后提高分辨率解释性处理技术主要包括谱白化、平滑滤波处理和小波变换等。

1) 谱白化方法

谱白化是一种展宽信号振幅谱的方法,以达到补偿频率衰减的目的。谱白化处理方法先对地震记录进行傅里叶变换,得到振幅谱,再对振幅谱在频域进行窄带通滤波,得到不同频带的信号,将其进行傅里叶反变换后进行时变增益,并将处理后的数据进行合并,得到高频加强的信号。谱白化不改变子波的相位谱,是一种"纯振幅"的滤波过程。谱白化处理可以在频率域完成,也可以在时间域完成。1997年,高静怀等利用小波变换替代常用的谱均衡方法并取得了较好效果。1997年和2000年,陈传仁等提出了将小波变换和谱白化方法相结合来提高地震资料分辨率的方法。2005年,卢文凯提出了利用子空间分解技术,将混合信号进行分解,得到单个同相轴信号,通过丢弃噪声子空间,只对不同信号子空间重构的信号利用谱白化技术进行高分辨率处理,然后累加所有处理结果,从而达到既提高地震分辨率又提高地震资料信噪比的目的。2012年,王季提出了基于 Hilbert 谱白化提高地震资料频宽的方法,利用 Hilbert-Huang 变换对地震信号进行时频分解,再通过白化滤波器对其 Hilbert 谱进行谱白化。与常规谱白化方法不同,该方法能够在时域和频域内同时增强信号的局部细节信息,有效增强地震信号时域和频域的分辨率。

2) 平滑滤波处理技术

地震资料分辨率和信噪比是一对辩证统一的矛盾。以提高地震资料分辨率为目的的处理势必会降低相位的连续性和剖面信噪比,有时对解释非常不利。因此,在地震精细解释过程中需要进行一定的平滑滤波去噪处理。目前常用的平滑滤波处理技术有中值滤波、F-K 滤波、倾角滤波等方法。

中值滤波方法是基于排序统计理论的一种能有效抑制噪声的非线性信号处理技术。2000年,王卫华提出用中值相关滤波预测有效信号,通过相关分析求取一个视倾角范围内中值序列的最佳中值作为预测的有效信号。2005年,刘财等验证了二维多级中值滤波技术,分析了滤波长度及噪声特性改变时对滤波特性的影响。2008年,刘洋等提出了时变中值滤波技术。由于地震数据是非平稳的,2011年,刘洋等提出了局部相关加权中值滤波技术,通过平面波分解滤波器求出局部地震倾角,基于数据点倾角的构造走向,在该方向上应用加权中值滤波器,适用于消除非平稳信号中的峰值噪声。2012年,王伟等提出了基于结构自适应中值滤波器压制随机噪声。中值滤波器操作窗函数可依据地层倾向和地层结构的规则程度等特征自适应地变化。2014年,Saleh 等提出了使用 3D 自适应中值滤波器压制随机噪声的方法,在滤波器设计中引入了噪声估计准则,然后基于局部噪声水平自适应地改变 3D 滤波器的大小。2016年,Bagheri 等提出了基于决策的中值滤波,通过比较阈值中的每个像素来检测噪声像素,如果两个连续像素之间的差值大于阈值,则像素是有噪声的,且必须应用中值运算。

F-K 滤波是压制干扰波并突出有效波的一种重要手段。1984 年,Canales 提出了频率-空间域预测滤波技术,用于去除叠加地震数据中的随机噪声。1989 年,Simon Spitz 在 F-X 域预测提高信噪比方法的基础上,提出了用 F-X 域预测技术实现道内插的方法。1995 年,国英九等提出了一种新的三维去噪方法,即 F-X,Y 三维随机噪音衰减(3D RNA)。该方法假设反射波同相轴在局部为平面,因而在 F-X,Y 域空间的所有方向上,同一频率成分的信号均具有可预测的特点,这样便可以采用多道复数最小平方原理,达到去噪的目的。1996 年和 1997 年,国九英、周兴元分别在 F-X 域实现了等道距道内插,避免了常规方法在 F-X 域估计反射波倾角等问题,且不受空间假频的影响。1998 年,赵德斌等提出了 F-X 域奇异值分解预测滤波法随机噪声衰减,减轻了线性方程组的病态性。1999 年,蔡加铭等提出了 F-X 域算子外推去噪技术,是对 F-X 域预测滤波去噪技术的进一步发展和完善。2011 年,魏海涛等提出了基于 F-X 域预测和全变分的串行滤波器,提高了信号的保真率。

3)小波变换技术

小波分析是将时域分析和频域分析结合起来的时-频两维分析方法。它既可以准确地抓住信号的瞬变特征,又可以在不同频带上观察信号的演变情况,因而在时域和频域都具有良好的局部化特征,可以从时间和频率两方面区分信号和噪音,较好地提高地震资料的分辨率。

1984 年,法国地球物理学家 Morlet 首次使用小波分析理论对地震信号进行分解处理。1989 年,信号处理学家 Mallat 将多尺度分析概念引入小波分析,提出了多分辨率分析的小波函数构造方法,大大加快了小波变换算法的计算效率,并成功将其应用在图像信号处理领域。小波变换是由傅里叶变换发展而来的一种获取时域细节信息的变换,具有的多分辨率、多尺度的特性,因此在信号处理领域上具有天然的优势。1995 年,Donoho 根据小波变换多分辨率、多尺度的特性,提出了基于正态独立变量决策理论的小波域阈值去噪算法,首次提出了阈值的概念。该算法计算效率高、步骤简便和去噪效果理想,奠定了小波变换在信号去噪领域的地位。1999 年,Pan 等以 Donoho 阈值法为基础提出了运用双通道滤波组分解信号的概念,获得了噪声方差平方数的一致无偏估计,并以此为基础提出了新的自适应阈值算法。1998 年,刘法启等将 F-X 域算法与小波变换相结合,实现了地震信号去噪。1996 年,章珂等运用二进小波变换对地震信号进行多尺度分解,并对分解后的信号进行相关性分析,通过加权处理实现了地震信号的去噪。2006 年,中国生等采用小波幅值阈值去噪算法去除爆破地震信号的噪声,取得了较好效果。1983 年,Witkin 等最早将空域相关理论引入小波变换去噪领域。1994 年,Xu 等提出了基于尺度相关性的小波空域相关去噪算法。2008 年,赵国栋等提出了一种改进的小波空域相关去噪方法,可对信号中的噪音进行最大限度抑制而又保留信号的主要细节。2011 年,肖倩等为解决小波相关算法中在对含噪信号进行小波变换后各尺度小波系数发生偏移的问题,提出了互相关函数用于消除偏移对相关性计算的影响。该算法首先计算小波系数的尺度偏移量,再根据此偏移量调节系数位置,最后采用空域相关进行信号去噪。2016 年,汪金菊等通过双树复小波建立地震信号的双树复小波模型,并结合信号小波系数间的相关性对地震信号随机噪声进行压制,取得了较好的效果。

综上所述,基于小波变换的去噪算法主要有小波阈值法和小波空域相关性算法。小波阈值法存在阈值难以确定或确定的阈值不精确的问题,小波空域相关算法存在计算量过大且信号在小波变换后相邻尺度的小波系数间会发生偏移等问题。

(二) 高精度地震反演技术

目前反演技术已在油气勘探开发领域获得了广泛应用。在许多情况下,反演提高了常规地震分辨率,并不同程度地改善了储层参数的研究条件,可获得优化的数据体,实现储层定量解释。因此,人们对地震反演技术研究的兴趣不断增长,地震反演已成为油气勘探开发中的常规技术,并正在成为储层表征中的关键环节。

地震反演通常可分为叠后和叠前反演两大类。叠后地震反演研究已有 40 多年的历史,逐步形成了多种成熟技术。例如,按照测井资料在其中所发挥的作用可分为地震直接反演、测井约束地震反演、测井-地震联合反演、地震约束下的测井曲线反演等四类,分别应用于油气勘探开发的不同阶段。从实现方法上,地震反演分为递推反演、模型反演、地震属性反演、地震统计学反演、测井曲线反演等,其中 De-log,Seislog,BCI,PARM,SEIM-PAR 和 AVA 等是代表性方法。应用叠后反演方法很难获得孔隙度、储层流体、岩性等关键参数,难以满足储层定量描述的要求。1999 年后,叠前反演技术得到迅速发展,其中以弹性阻抗(EI)反演和归一化的扩展弹性阻抗(EEI)反演最具代表性。这类方法的理论基础是佐布里兹方程近似式。由于理论上存在缺陷、算法复杂和地震数据信噪比等方面的限制,求取弹性参数通常通过多重局部叠加的同步反演来完成。叠前 AVA 同步反演等方法是其中的典型代表。在叠前反演技术的推广应用过程中,地震岩石物理技术的研究具有举足轻重的作用。如今叠前地震反演技术已成为油气勘探的常规技术,并在复杂储层精细预测、储层流体识别等领域展示了良好的应用前景。

如何提高储层非均质性、物性以及流体特性等的识别精度,是提高反演质量的关键。全波形反演(FWI)在 20 世纪 80 年代就已问世,但直到近年才成为研究热点,这是因为人们逐渐认识到,在反演中综合考虑运动学特征和动力学特征可以极大地提高反演精度。地震反演的发展正走向 AI(声波阻抗)和 EI 结合、EI 和 AVO(振幅随炮检距变化)结合、FWI 和 JMI(联合偏移反演)结合的定量预测阶段。反演结果的有效性评价、反演理论的创新和地震波动理论的创新是反演技术未来需要解决的关键理论问题。

如何构建精度更高的初始反演模型,如何取准反演参数并明确其地质含义,如何实现孔、渗、饱等物性参数精确反演,如何实现储层流体特性反演,如何实现储层定量建模,如何实现不同厚度储层的定量表征等是地震反演技术必须解决的关键应用问题。笔者近 10 年来开展了自相控低频模型构建、基于层序地层的高分辨率反演和地震驱动建模等技术研究工作,并在海上油气田开发研究中取得了明显效果。

（三）三维可视化解释技术

应用三维可视化技术可以对三维地震资料进行立体的、多方位的展示和观察，以研究地震资料的宏观特征和构造细节，最终达到提高解释精度和提高地质解释合理性的目的。该技术的要点是使用三维相干体在空间上直接解释断层，使用种子点自动追踪技术解释构造形态，在三维体上直接寻找和雕刻地质体，进行沉积研究和储层描述。此方法摒弃了对三维地震数据体隔线解释的二维地震解释方法，充分利用了三维地震资料的空间连续性和零闭合差特性，体现了三维地震数据体的空间立体解释，由此带来解释效率的极大提高，同时充分利用了三维地震数据体携带的大量三维地质信息，提高了对地质现象的认识。

虽然三维地震的应用已有较长的历史，但以往的三维地震资料解释只能利用一幅幅主测线和联络测线方向的垂直地震剖面以及水平时间切片的二维图像来显示并解释三维数据，并且在实际工作中常将剖面和切片抽稀，仅对部分剖面和水平时间切片进行解释。这种方法以层位界面为对象，将三维空间的数据放到二维平面上来认识，地震解释人员依据这些二维图像来推测和想象地下地层的空间形态和结构，难以从三维的角度整体上观察和分析地质体的空间形态，不能综合起来进行分析判断，其结果是不可避免地会漏失或忽略构造细节和地层特征，降低三维地震的勘探效果。三维可视化技术的发展使地震解释人员能直观、简单、明了地观察地下地质体。应用三维可视化软件技术，通过对三维地震资料立体的、多方位的展示和观察来研究资料的宏观特征和细节，用地震电影、改变颜色、旋转目标、透视、改变光源角度等方法建立三维地质体特征的概念，充分发挥三维数据体的应有潜力和优势，使三维地震信息得到更充分的利用，从而最终达到提高解释精度和提高解释的地质合理性的目的。

在三维地震数据的可视化方面，目前已有多种商业软件，并在实际应用中取得了较好的效果。国外比较著名的有兰德马克公司的 EarthCube、斯伦贝谢公司的 Geoviz、Paradigm 公司的 VoleGeo，它们基本上代表了当今地震勘探三维可视化应用的最高水平。国内有石油物探局的 3DV、保定双狐软件公司开发的三维地震微机解释系统，这两种解释软件中都含有三维可视化显示及成图工具。2000 年，王咸彬提出了真三维构造解释技术，并详细介绍了真三维构造解释使用的技术手段、工作流程及具体实现步骤。2004 年，张金森等提出了全三维可视化综合解释技术，并应用于多个海上油气田的勘探开发综合研究，不仅大大提高了工作效率和成果精度，还解决了原来使用二维解释方法无法准确回答的诸如断裂特征、储层分布、储量、沉积环境等问题。笔者近年来也探索并形成了基于平面导航的三维目标地质体解释方法，能够快速、精确地实现目标地质体空间形态的描述。

作为一种高级可视化解释技术，虚拟现实（virtual reality，VR）利用计算机生成模拟环境，通过多种显示和传感设备使用户"沉浸"到该环境中。在该环境中解释人员被地震资料图像所包围，似乎是在地质体内观察和解释地震资料。工作人员处在三维空间中，解释构造关系，感觉地质现象，寻找地质目标。虽然利用虚拟现实技术可以取得更好的三维效果,但是存在成本高、解释人员容易疲劳等缺陷。

(四) 地震相分析技术

在地震储层特征描述和检测技术中,地震相分析是一种不可或缺的方法。人工地震相分析需要投入大量的时间,更要求解释人员具有足够的经验,并结合一定的分析方法才能完成。随着勘探精度的提高以及高密度、宽方位采集技术的应用,地震数据进入大数据时代,如何从海量的地震数据中提取地质特征信息成为研究的热点,近年来非监督地震相分析方法逐渐受到重视,其主要借鉴模式识别的原理,通过由地震数据得到的地震属性以及其他一些辅助信息来刻画地质体。非监督地震相分析方法完全基于数据驱动,极大地降低了人为因素的干扰,即使是不熟悉当地地质情况的人员也能得到较客观准确的结果。

从模式识别的角度看,地震数据具有连续性、冗余性和一致性的特点。地震相分析本质上是对地震数据进行分类,既可以是有监督的,也可以是无监督的。无监督的分类也称聚类,常见的有 K 均值聚类方法。2003 年,Coleou 利用 K 均值对地震相进行聚类分析,但需要预先定义生成簇的数目,易受"噪声"和孤立点的影响,且不能保持数据的拓扑结构。对于连续、低维、高噪声的地震数据,K 均值聚类不能取得较好的效果。自组织映射是 Kohonen 提出的一种非监督模式识别方法,其主要思想是将数据投影到一个低维空间,以获得更为直观的理解,但它只能根据经验来判别类别数,选择最优地震属性来刻画地震数据中的地质特征。1996 年,刘力辉等利用自组织神经网络进行地震微相划分。1998 年,陆文凯和牟永光利用自组织神经网络来追踪地震同相轴。2001 年,Steeghs 和 Drijkoningen 利用联合时频分析的方法来描述由地下反射信息中的微小变化引起的频率成分波动。2005 年,穆星利用自组织神经网络优选几何属性对地震相进行自动识别。2007 年,Marcilio 等引入小波变换的方法来识别瞬时地震道的每个地质信息段中的奇异值,该方法更易于实现自组织神经网络聚类。粒子群算法是 Kennedy 和 Eberhart、Eberhart 和 Shi 对鸟类觅食行为进行研究时提出的一种基于群智能的优化方法计算。2009 年,岳碧波等通过三点滤波的方法改进粒子群的更新速度,从而使粒子更快速收敛。2011 年,朱童通过前后粒的相互作用改进粒子群方法,提高了收敛速度。2011 年,Liu 等提出基于粒子群的多属性动态聚类方法,该方法主要利用群体智能优化方法来消除 K 均值聚类中奇异值对中心点选择的影响。2015 年,张龚等提出基于自组织神经网络和粒子群优化的 K 均值聚类地震相分析方法,利用自组织神经网络将高维地震数据投影到低维空间,有效地保持样本空间的结构,在寻找聚类中心点时借鉴群体智能全局寻优的思想,利用粒子群方法优化自组织神经网络中神经元的聚类,最后将聚类结果返回到原始空间,完成地震相的分析。

(五) 地震属性分析技术

目前地震属性分析技术在地层岩性解释、构造解释、储层评价、油藏特征描述以及油藏流体动态检测等方面得到了广泛应用,并在油气勘探开发中起着越来越重要的作用。

地震属性分析技术能提取隐藏在地震资料中的有用信息,提高对储层有利区预测的准确度,因此对地震属性分析技术在储层预测中应用的研究显得十分重要。

地震属性(seismic attribute)最早可追溯到 20 世纪 60 年代,当时国内有很多的译名,如地震信息、地震特征、地震参数、地震标志等,直到 20 世纪 90 年代才确定为地震属性。国际知名企业 Landmark 公司认为:地震属性是一种描述和量化地震资料的特性,是原始地震资料中所包含的全部信息的子集。对于地震属性的定义众说纷纭,但是从纯数学的角度来说,地震属性可以定义为地震资料的几何学、运动学、动力学及统计学特征的一种量度。

地震属性分析技术的发展大致经历了 3 个阶段:

第一阶段是起步阶段,即 20 世纪 60～70 年代。人们通过各种观察提出了"亮点""暗点"和"平点"技术,利用其可以直接进行油气检测。随着数学方法的引入,又提出了瞬时属性和复数道分析技术。瞬时属性技术被直接用于石油地球物理勘探的解释和预测。

第二阶段是迅速发展阶段,即 20 世纪 80 年代初期。一方面利用振幅随炮检距变化的规律,另一方面出现了大量的属性定量提取方法,提取出来的属性多达几十种。但是这样提取出来的地震属性没有明确的地质意义,在应用过程中导致了人们对它的不信任。

第三阶段是基本成熟阶段,即 20 世纪 90 年代初。多维属性分析技术出现后,地震属性有了更明确的地质意义,能揭示出地震数据体中的沉积、岩性和储层信息,地震属性研究开始向科学化方向发展。

近年来,随着智能化技术和可视化技术在地震属性分析中应用越来越广泛,出现了一个新的"准属性"的概念。目前地震属性分析技术在构造解释、地层岩性解释、储层评价、油藏描述以及油藏流体动态检测等领域得到了广泛应用,在模型正演、相干体技术、聚类分析、地震相分析、多属性综合分析等方面也有了较大的发展。地震属性分析技术在油气勘探开发中发挥着越来越重要的作用。

随着数学、信息科学等领域新知识的引入和广泛应用以及计算机技术的迅速发展,利用各种数学方法从地震数据体中提取的各种地震属性越来越多,可归纳为振幅、波形、频率、衰减、相位、相关、能量、比率八大类,又分为 91 种。随着计算机技术的快速发展,目前已经发展到近 200 种地震属性。目前大多数方法是根据算法和针对某个研究目标来进行分类,没有统一的分类标准。为了更好理解和应用地震属性,国外 Taner,Brown,Quincy Chen 以及 Liner 对地震属性分类进行了详细研究。1995 年,Taner 等根据地震属性的物理和地质意义,将地震属性分为两类:一类为几何属性,另一类为物理属性。针对提取属性的地震数据体不同,物理属性又可分为叠前属性和叠后属性,其中叠前属性包括 AVO。1996 年,Brown 将地震属性分为 4 种基本类型,即时间、振幅、频率和衰减属性。每种基本类型根据提取属性的数据体不同又分为叠后属性和叠前属性,其中叠后属性按提取方式的不同分为沿层属性和沿时窗属性。1997 年,Quincy Chen 提出了两种分类方法:一种以运动学和动力学为基础将地震属性分成振幅、波形、衰减、相关、频率、相位、能量、比率 8 种类型;另一种基于储层特征不同将地震属性分为亮点和暗点、不整合圈闭和断块隆起、油气方位异常、薄互层、地层不连续性、石灰岩储层和碎屑岩、构造不连续性、岩性尖灭有关的属性。2004年，Liner将地震属性分为基本属性和特殊属性。

此外，按照属性提取方式的不同可将地震属性分为层位属性和时窗属性两类，按照地震属性的定义可将地震属性分为几何学属性、运动学属性、动力学属性和统计学属性四大类。我国学术界较为流行的分类方法是从运动学与动力学角度将地震属性分为振幅、频率、相位、能量、波形和比率等几大类。

（六）基于深度学习的地震资料解释技术

以深度学习为核心的人工智能是引领未来的战略性技术。跨界融合创新正成为地球物理行业技术创新的大趋势。基于深度学习的地震资料解释技术打破了人类大脑的局限性，不仅可减少数据丢失，进行构造、断层、层序解释，还可用于测井数据、叠前和叠后数据分析等多维度数据分析，得到能够直接预测油气的三维数据体，减少人工工作量，并提高解释精度。

基于深度学习的地震资料解释技术发展较快，开展了地震属性分析、岩相识别、地震反演、断层识别等研究，并开发出相关软件产品。该技术取得的重大进展主要包括：

（1）开发了地震属性分析软件，利用机器学习与大数据分析方法进行地震属性分析，减少了地震解释的不确定性，推动了定量解释技术的发展。

（2）开发了用于岩相分类的人工智能算法并形成地震解释软件系统，在二叠盆地应用取得了良好的效果。

（3）在岩性和地貌分类方面，从地震数据和井筒数据生成概率岩相模型，以更好地了解储层非均质性，减少地震解释结果的不确定性。

在基于深度学习的地震资料解释技术研究方面，针对断层裂缝识别与预测的问题，众多学者进行了大量研究，通过构建多种深层学习网络实现了断层裂缝的智能识别；在地震资料去噪方面，利用人工智能技术，地震噪声压制和信号增强等获得了较好的应用效果；在地震储层预测方面，深层神经网络、支持向量机、卷积神经网络等方法被用于油气特征、储层参数的智能提取与识别。此外，人工智能技术在初值拾取、速度智能分析、地震相分析、地震资料层位自动拾取与解释、多属性信息融合、岩丘识别等的应用也取得了一些重要进展。

第二节　地震分辨率与识别率理论

一、地震分辨率

地震分辨率（渥·伊尔马兹，1993；Widess M A，1973；Sheriff R E，1977；Denham L R，1980；Knapp R W，1990）是地震记录分辨各种地质体和地层细节的能力。它包括纵向分辨率和横向分辨率两个方面。

1.纵向分辨率

纵向分辨率也称垂向分辨率或时间分辨率(俞寿朋,1993;李庆忠,1994;云美厚,2005;凌云研究组,2004),指地震记录沿垂直方向能够分辨的最薄地层的厚度,即可从地震记录上能够正确地识别地层顶、底界面的反射波。不同研究者从不同的角度定义了垂向分辨率的极限,如 Rayleigh 准则根据光学成像原理,定义垂向分辨率极限为 $\lambda/4$,而 Ricker,Widess 和 Farr 则将垂向分辨率极限分别定义为 $\lambda/4.6$,$\lambda/8$ 和 $\lambda/12$。目前业内普遍接受 Rayleigh 准则定义的 $\lambda/4$ 分辨率极限,因为 $\lambda/4$ 不但恰好是两个子波的到达时间差达到子波的半个视周期、波形可分的界限,而且是地层顶、底反射波发生振幅调谐的位置,在地震剖面中更明显、更易识别。

下面从子波时差和振幅调谐两个方面说明这一问题。

1) 时间分辨率

根据 Rayleigh 准则,如两个子波时差为半个周期则可分辨。

$$\Delta\tau = \frac{T}{2} = \frac{\lambda}{2v} \tag{2-1}$$

$$\Delta h = \frac{v\Delta\tau}{2} = \frac{vT}{4} = \frac{\lambda}{4} \tag{2-2}$$

式中　$\Delta\tau$——两个子波时差;

　　　T——子波周期;

　　　λ——子波波长;

　　　v——子波传播速度;

　　　Δh——可识别最薄层厚度。

由式(2-1)可见,纵向分辨率主要受地震资料主频及地层速度影响。主频越高,地层速度越低,则分辨率越高。时间分辨率示意如图 2-1 所示。

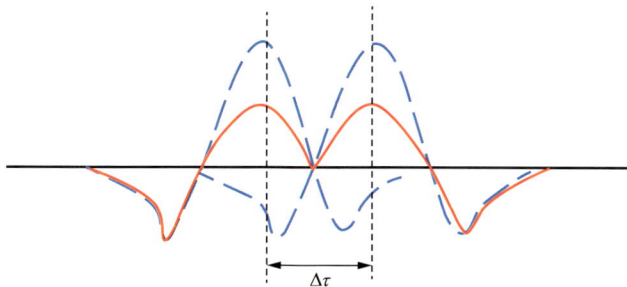

图 2-1　时间分辨率示意图

表 2-1 为根据上述准则统计的海上典型碎屑岩油田实际地震资料分辨率及砂岩储层厚度情况,其中储层单层厚度列中括号外为平均厚度,括号内为厚度范围。可见,多数油田主要储层厚度均小于地震分辨率极限。

表 2-1　海上典型碎屑岩油田砂岩储层厚度与地震分辨率数据统计表

油　田	沉积类型	储层埋深 /m	纵波速度 /(m·s⁻¹)	储层单层厚度 /m	地震分辨率 /m	地震资料主频 /Hz
A	曲流河—浅水三角洲	1 000～1 700	2 600	5.1(0.2～31.4)	12	55
B	浅水三角洲	1 000～1 400	2 200	3.5(0.5～16.9)	14	40
C	浅水三角洲	1 000～1 400	2 150	3.3(0.2～16.4)	10	55
D	浅水三角洲	1 000～1 500	2 200	5(1.5～55.4)	16	34
E	曲流河沉积	1 000～1 300	2 100	4.8(0.5～12.5)	12	45
F	辫状河与曲流河	1 000～1 450	2 300	4.6(0.2～28)	12	50
G	浅水三角洲	1 000～1 500	2 400	5(1.5～55.4)	16	40
H	辫状河三角洲—扇三角洲	1 040～3 380	2 200	9(0.4～18.8)	12	45

2) 振幅分辨率

时间分辨率的定义主要考虑地震波形的可区分性,并未考虑地震振幅的影响。实际上地震振幅是地球物理人员常用的地震属性之一,利用振幅大小也可对储层厚度进行预测。

两个反射波的波峰或波谷相对应,则两波可同相叠加,出现相干加强,合成波的振幅是单个子波振幅的 2 倍,这种振幅称为调谐振幅。定义调谐振幅的对应地层调谐厚度 Δh(1/4 视波长)为振幅分辨率。下面以经典楔形体模型为例进行说明。

设计砂岩楔形体模型顶、底界面反射系数相等但极性相反,选择 50 Hz 的理论雷克子波计算相应的合成地震记录,如图 2-2(a)。图 2-2(b)所示为砂岩厚度与振幅关系曲线。由该模型可以得出以下结论:

(1) 在砂岩厚度由 50 m 逐渐减薄至 30 m 时,振幅保持在 0.022 位置,地层顶、底界面在地震记录上是可分辨的,顶、底界面的波峰与波谷振幅值基本相等。

(2) 在砂岩厚度由 30 m 逐渐减薄至 15 m 时,振幅逐渐增大,这说明已经开始发生调谐效应,但仍能从波峰和波谷的位置判断地层厚度。在 15 m($\lambda/4$)处出现最大振幅,这个厚度即调谐厚度。

(3) 在砂岩厚度由 15 m 逐渐减薄至 0 m 时,振幅逐渐减小,调谐效应越来越强,已经不能从波峰和波谷的位置准确判断薄层厚度,这说明 15 m($\lambda/4$)为一般意义上的地震薄层分辨率极限。

2. 横向分辨率

横向分辨率是两个反射点的水平距离多近时能够识别为两个分离的点而不是一个点(云美厚,2005)。地震反射波实际上由反射面上相当大的一个面积内返回的能量叠加而成,产生相干干涉反射波的区域称为菲涅耳带(图 2-3)。分析图 2-4 中球面波前进入水平的平反射面 AA',该反射界面可视为由点绕射源组成的连续体。对地面上重合的激发点

（a）合成地震记录

（b）砂岩厚度与振幅关系曲线

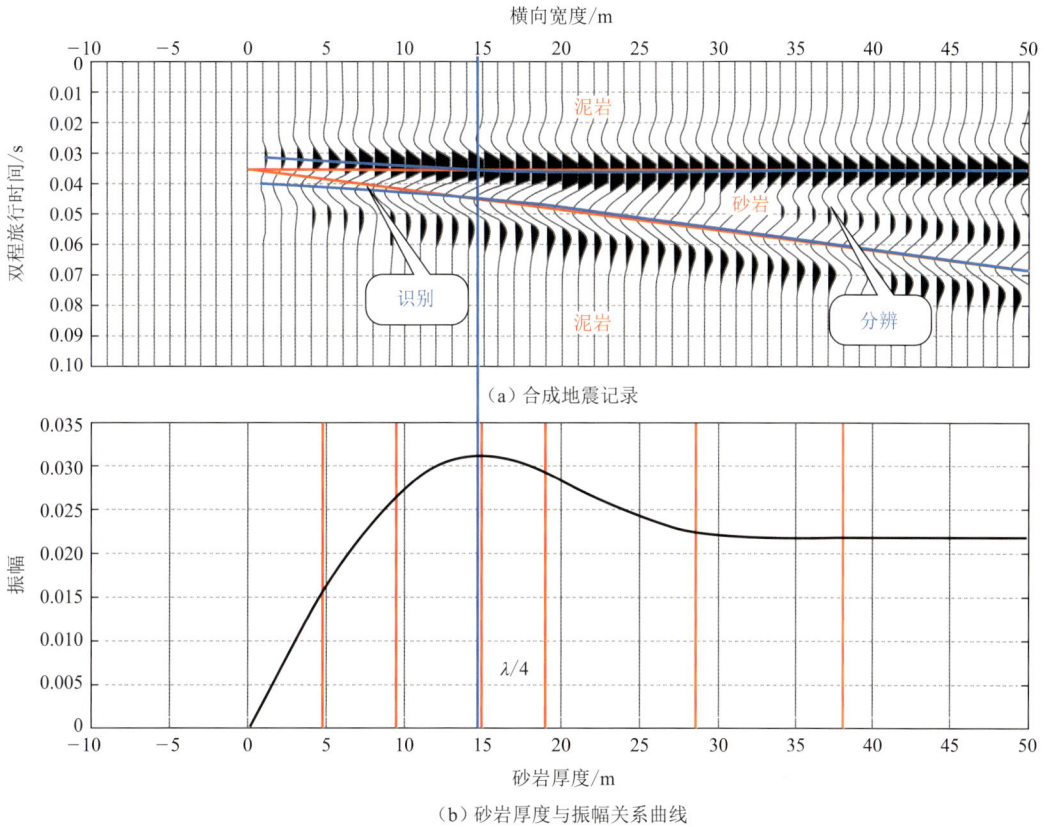

图 2-2　楔形体模型合成地震记录及其振幅变化

（泥岩速度为 3 000 m/s，密度为 2.35 g/cm³；砂岩速度为 2 600 m/s，密度为 2.20 g/cm³）

和接收点（S 点），根据 Rayleigh 准则，A 点的反射比 O 点的反射到达地面晚 $T/2$，即两者相差 $\lambda/4$，到达接收点的总能量相长干涉。反射圆盘 AA' 称为半波长菲涅耳带。落在带内的两反射点一般认为是地面观察中难以分辨的，此时菲涅耳带半径 r 为：

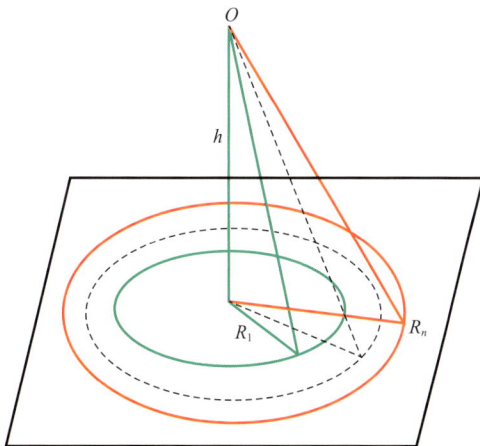

图 2-3　菲涅耳带示意图

（图中 O 为重合的激发点和接收点，h 为激发点或接收点到反射界面的垂直距离，R_n 为第 n 阶菲涅耳带半径）

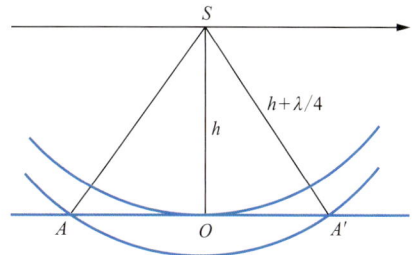

图 2-4　菲涅耳带 AA' 示意图

$$r = \sqrt{\left(h + \frac{\lambda}{4}\right)^2 - h^2} = \sqrt{\frac{\lambda h}{2} + \frac{\lambda^2}{16}} \tag{2-3}$$

菲涅耳带的大小同样取决于地震资料频率、地震波传播速度及反射界面埋藏深度。地层埋藏越浅,资料频率越高,菲涅耳带越小,横向分辨率越高。在未偏移的剖面上,一般采用上述菲涅耳带描述横向分辨率。经过偏移后的剖面,理论上菲涅耳带有所收缩,因而水平分辨率有所提高。但实际地震剖面很难真实准确地完成偏移,因此在地震解释过程中,尤其是地质体边界的确定,仍然受到横向分辨率的影响。

二、地震空间分辨率

分辨率的概念从时间域扩展到空间域,产生了横向分辨率、水平分辨率、纵向(垂向)分辨率、法向分辨率、方向空间分辨率等多个概念。对于地质体,地震的分辨能力取决于观察的角度。从地震剖面上直接利用时间和振幅信息解释地质体,即为地震垂向分辨率和横向分辨率,主要受地震成像条件和子波形态的影响。而从地震属性的空间变化上识别构造和沉积等现象,即为空间分辨率,主要考虑地震反射信息的相对保持程度。当然,地震空间分辨率与纵向分辨率、横向分辨率是密切相关的,但对地质体的分辨率极限会有明显差异。

1. 地震空间分辨率概念

地震空间分辨率是在空间上分辨地质体大小和间隔的能力。有关学者先后提出了方向空间分辨率、广义空间分辨率和基于地质概念的空间相对分辨率等概念。

马在田(2004)根据散射点成像原理,严格按照 Ricker 关于地震最小可分辨距离的定义,提出了广义空间分辨率的概念,并明确了其计算公式。凌云等(2007 年)将地震理论和地质规律紧密结合,从实用的角度提出了基于地质概念的空间相对分辨率。下面沿用这一概念,探讨地震空间分辨率理论在薄层油藏描述中的应用。

1)空间分辨率

无论是纵向分辨率还是横向分辨率,都是在借鉴光学分辨率概念的基础上提出的。根据光学中的 Rayleigh 准则,当两个物体的视觉波程差大于 1/2 波长时,这两个物体就是可分辨的。无论是顶、底界面反射波的 1/2 波长的波程差,还是水平地质体两端反射波的 1/2 波长的波程差,实质上都是在刻画 1/4 波长大小的地质体上两个反射波的干涉叠加的极限。

如图 2-5 所示,在空间 x 方向和 z 方向各放置 2 个绕射点,其绕射点间距为 1/4 波长。如果地震波长为 λ,那么在垂向和横向上必然会同时出现 $\lambda/4$ 波长的地震分辨率极限问题。因此,前面的纵向分辨率和横向分辨率都可以统称为地震空间分辨率(凌云等,2007)。

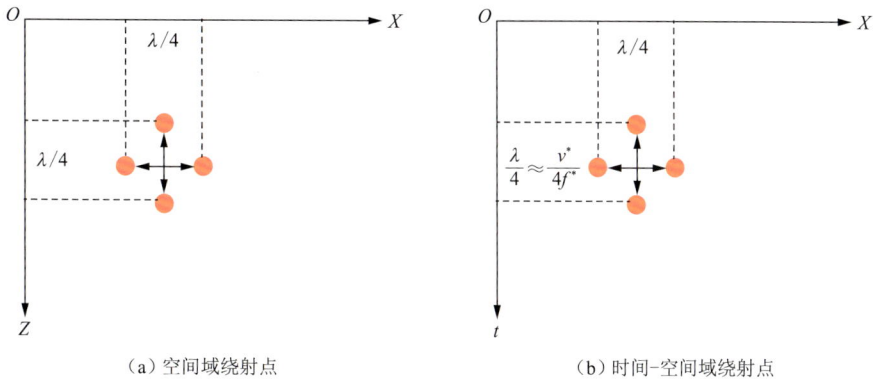

（a）空间域绕射点　　　　　　　　　（b）时间-空间域绕射点

图 2-5　空间域绕射点和时间-空间域绕射点的垂向和横向分辨率关系

（λ 为地震波长，f^* 为地震子波主频，v^* 为地层速度）

2）广义空间分辨率

除垂向和横向外，实际上地震道或地震成像在任意方向的空间分辨能力都存在差异，这种包括任意方向的地震分辨率称为广义空间分辨率（马在田，2004；程玖兵等，2004；何引琼，2004）。显然，基于垂直和水平方向的传统垂直分辨率和水平分辨率的定义只是广义空间分辨率的两个特例。

广义空间分辨率是以 Rayleigh 准则为基础的，但它对 Rayleigh 极限准则进行了拓展。它将 Rayleigh 准则中"可分辨的两个物体的视觉波程差应大于 1/2 波长"的定义从原来的单一垂直方向、零炮检距情形扩展到了任意空间方向、任意炮检距情形。

3）基于地质概念的空间相对分辨率

凌云等（2007）将地震理论和地质规律紧密结合，从实用的角度提出了基于地质概念的空间相对分辨率，并将其定义为：基于等时地质切片内地质体引起的地震属性空间相对变化和垂向等时地质切片之间地质体引起的地震属性垂向连续变化的地质解释所达到的认识地质体空间展布的能力。这一概念强调的是从沿等时地质切片地震属性的空间相对变化和垂向等时地质切片之间地震属性的连续变化来认识地质体的空间展布，而不是从剖面和空间上直接分辨地质体，因此可以突破常规地震分辨率 $\lambda/4$ 极限。

2. 地震空间分辨率的意义

1）对高分辨率处理技术研究的意义

地震分辨率是高分辨率地震勘探的一个核心研究内容。地震空间分辨率的研究对分辨率的影响因素有了更全面的认识，对高分辨率地震资料处理及油田开发阶段地震资料目标处理技术研究具有重要意义。

如高分辨率地震资料处理中，地震偏移成像的分辨率是一种孔径内地震观测道分辨率的加权平均和，因此偏移孔径的选择不当会引起分辨率的下降。基于空间分辨率的概念及公式，可以根据各地震道的分辨率来确定孔径的选取大小和范围，其原则是在孔径中地震道的最大可分辨距离小于或等于半波长，也就是说选择的偏移孔径中的点分辨率都应大于0.5,以保证在偏移处理过程中不会降低成像分辨率(何引琼,2004;李培明,2013)。

此外,在油田开发阶段,从空间相对分辨率角度考虑,地震数据处理在以提高地震数据成像分辨率为重点的同时,还应尽可能地消除由非储层因素引起的地震信息的空间变化,保持储层空间信息的变化。目前业内已经形成了多种叠前与叠后相对保持储层振幅、频率、相位和波形的提高分辨率处理方法及消除近地表影响的相关技术。

2)对小尺度地质体精细解释理念和技术研究的意义

空间分辨率不再从地震剖面上直接分辨地质体,这一点对识别低于传统地震极限分辨率的地质体具有重要意义。凌云等(2007)提出的基于地质概念的空间相对分辨率定义强调对等时地质界面上和等时地质界面之间地质体引起的地震属性空间相对变化的解释,依据等时切片上地震属性的空间相对变化和等时切片之间地震属性垂向的连续变化,获得小尺度薄储层的空间展布信息。下面以正演模型为例,说明空间相对分辨率对小尺度地质体精细解释的意义。

图2-6所示为7条薄层河道砂体叠置发育的地质模型,河道砂体宽为300~500 m、厚为6~8 m,河道砂岩速度为2 340 m/s、密度为2.0 g/cm³,泥岩速度为2 420 m/s、密度为2.2 g/cm³。图2-7所示为采用40 Hz主频雷克子波生成的正演地震数据(分辨率15 m左右)。图2-8所示为沿河道顶、底面提取的均方根振幅属性。振幅属性基本反映了复合河道的展布范围,但难以刻画基于该属性每期河道的展布特征及河道发育的先后期次。根据空间相对分辨率的概念,提取等时地层切片属性(图2-9a),再根据切片特征及地震剖面特征对等时地层切片进行合并,最终将7河道纵向划分为3个期次(图2-9b)。最早一期单河道在模型中间部位发育,随后在该河道上部同时发育5条河道,最末一期单河道在

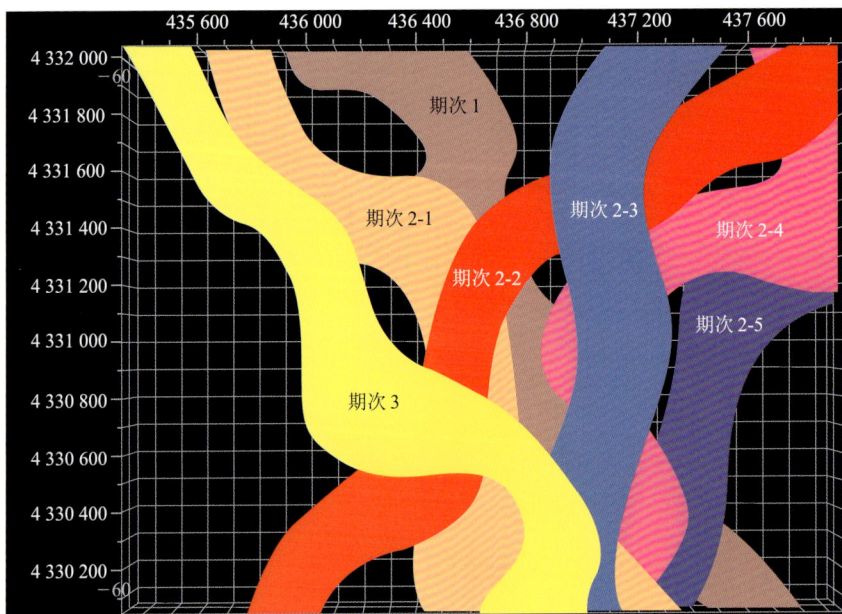

图2-6　7条薄层河道砂体叠置发育的地质模型

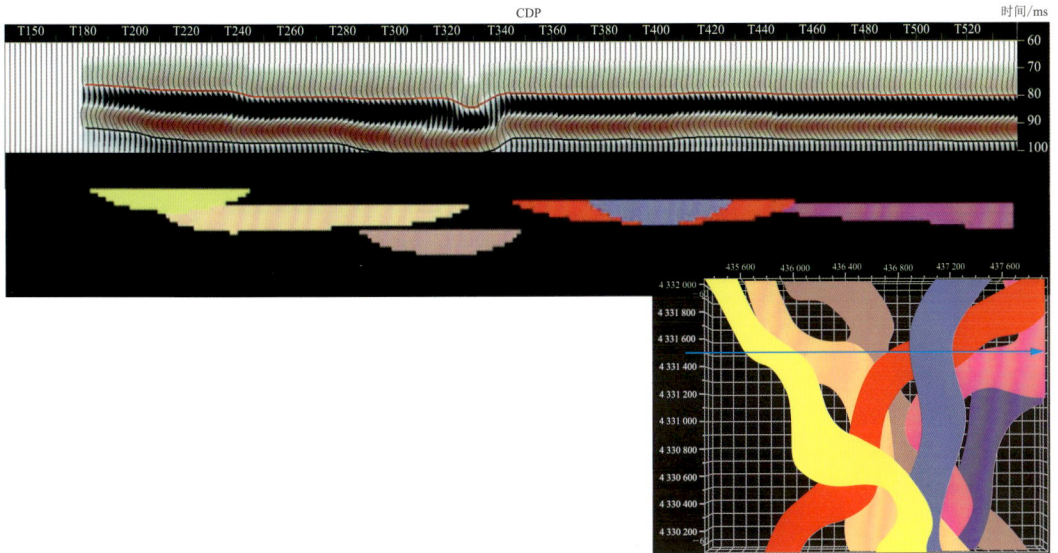

图 2-7　7 条薄层河道砂体地震正演剖面

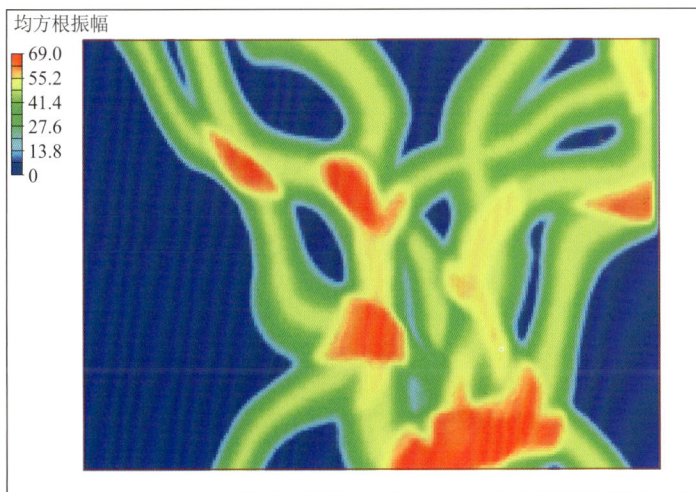

图 2-8　7 条薄层河道砂体均方根振幅属性

模型西部发育,与正演模型(图 2-6)吻合较好。该模型表明基于地质概念的空间相对分辨率地震解释不仅获得了薄砂体的空间信息,同时还较精确地描述了叠置砂体的关系和位置,实现了薄层地质体精细解读。

三、地震识别率

地震分辨率总体上是基于调谐和干涉相关理论对地震资料品质的评估指标。而地震记录是地下实际地质体的有效反映,蕴含着丰富而复杂的信息。对低于地震分辨率的地质体,利用适当的方法提取出有效的地震属性(如波形、频率、振幅)也能够识别其存在与否以及空间变化趋势(陈继松等,1987;胡光义等,2017;黄诚等,2014;井涌泉等,2014;赵

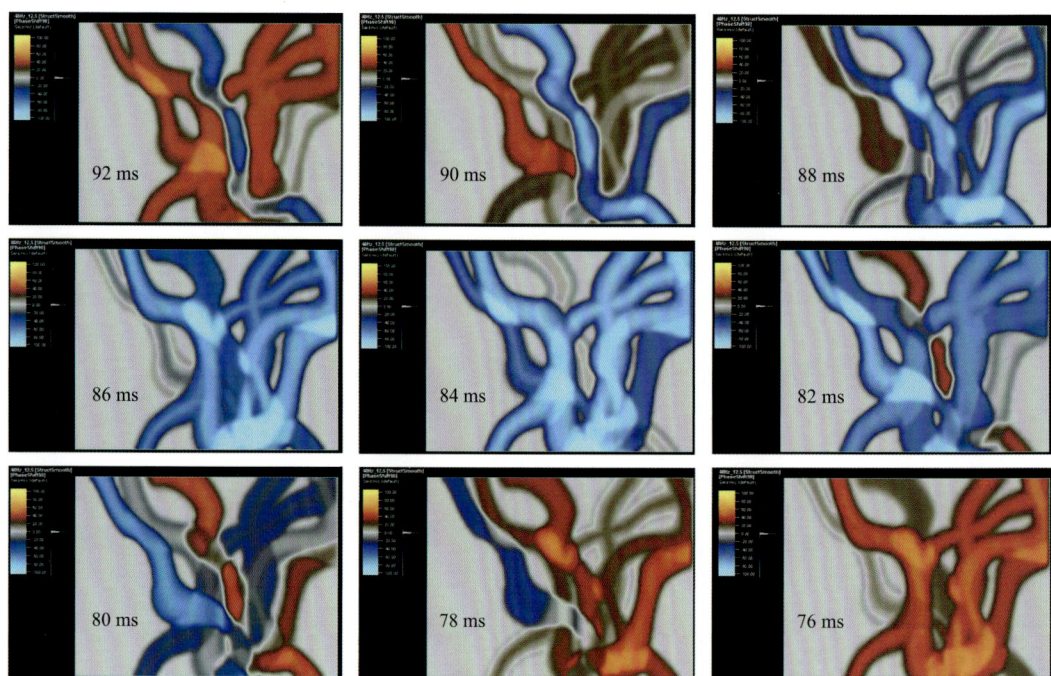

（a）等时切片

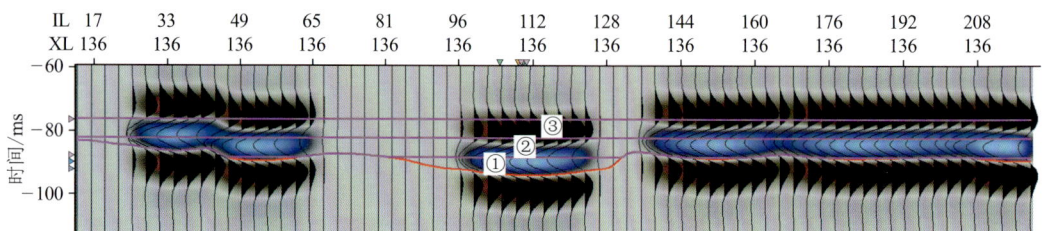

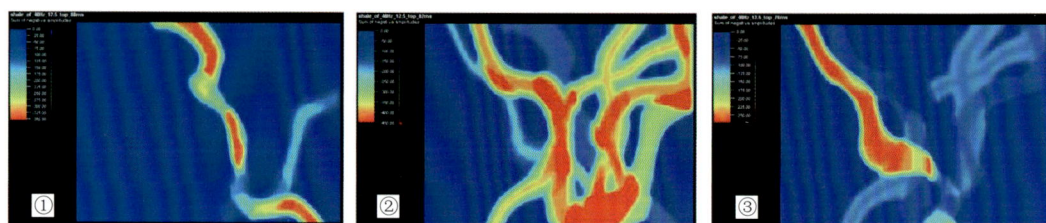

（b）垂向期次划分

图 2-9 7 条薄层河道砂体地震正演模型的等时切片及垂向期次划分

谦等,2017)。为此,本书提出地震识别率的概念,并定义其为对小于传统地震分辨率地质体的识别能力。

1. 薄层识别

在前文纵向分辨率的介绍中,楔形模型(图 2-2)已经说明当地层厚度小于调谐厚度时,地震反射波峰和波谷的位置不能判识实际地层的厚度,但仍有反射响应。对低于地震分辨率的薄层,地震识别率不再强调其厚度的定量,而是强调薄层存在与否及其展布范围的识别。

下面通过地震正演模型来分析薄层地震响应特征。图 2-10 所示正演模型中子波的主频为 50 Hz,地层的调谐厚度为 12 m,分别计算厚度为 12 m,5 m 和 2 m 的薄砂层的地震响应振幅谱。从图中可以看出,当砂层厚度逐渐减薄时,其地震响应主频向高频端发生移动,说明地质体具有自适应选择频带的能力。实际应用中把握这一特征有助于识别薄层。

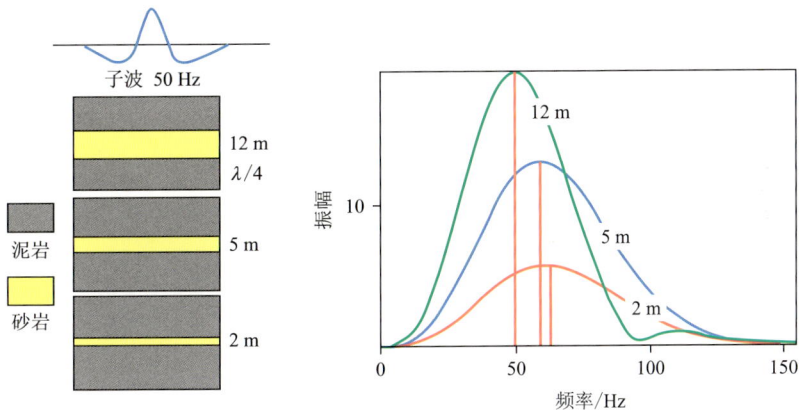

图 2-10　薄层厚度与其地震响应主频之间的关系

薄层的存在除引起地震资料频率特征变化外,也会对地震波形造成影响。图 2-11 所示为砂岩储层中含不同厚度泥岩隔夹层的地震波形响应特征。由图可见,当砂岩储层中含 5 m 以下的泥岩薄层时,地震波形与纯砂岩储层波形特征存在差异,最大波谷位置及波谷形态有明显区别,因此通过波形类属性也可以预测薄层的平面分布及变化情况。

根据上述薄层地震响应的基本特征研究,结合实际资料需求,可有效识别薄层。根据频率及波形反射差异,虽然不能分辨泥岩隔夹层厚度,但是可指导泥岩隔夹层分布范围的预测。

2. 储层横向变化识别

下面以河流相储层为例,同样通过正演模型,结合实际地震剖面来介绍地震资料对储层横向变化的识别能力。

河流相储层具有相变快、砂体叠置关系复杂、非均质性强等特点。地震资料具有横向高密度采样的优势,能够很好地表征储层横向变化特征。图 2-12 所示为河流相储层河道砂体同层不同期侧向切叠模型,其对应的正演地震剖面整体表现为两"峰"夹一"谷"的地震反射特征,但两河道叠置位置处的地震反射轴呈现"变胖"的现象,指示相互叠置的两期河道砂体顶部存在规模差或高程差,储层横向发生了变化。

如果河道砂体对应的地震反射轴呈现"错位",指示河道砂体侧向叠置,且两期河道砂体顶部存在高程差,对比模型及实际地震剖面(图 2-13)可以发现,在砂体叠合部位,波峰常出现双峰的波形特征,伴随能量减弱,而波谷比较稳定,整体出现能量强弱的变化特征。

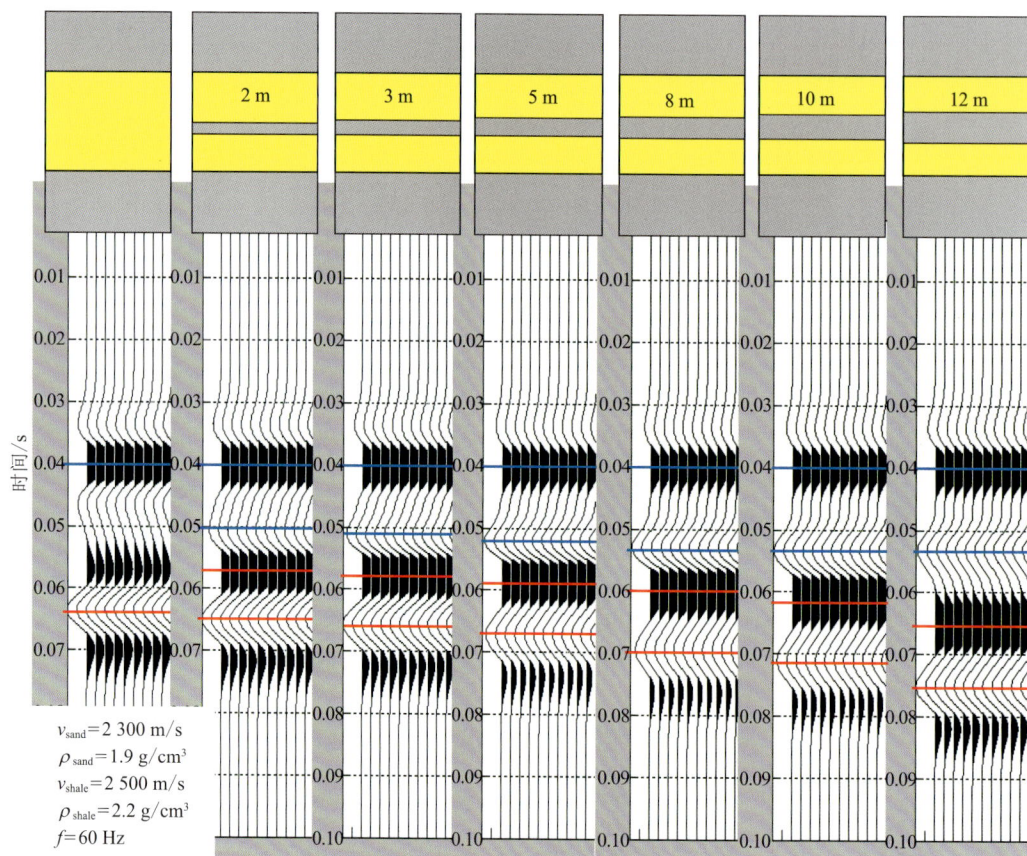

图 2-11　砂岩储层中不同厚度泥岩隔夹层的地震波形响应特征

v_{sand}=2 300 m/s
ρ_{sand}=1.9 g/cm³
v_{shale}=2 500 m/s
ρ_{shale}=2.2 g/cm³
f=60 Hz

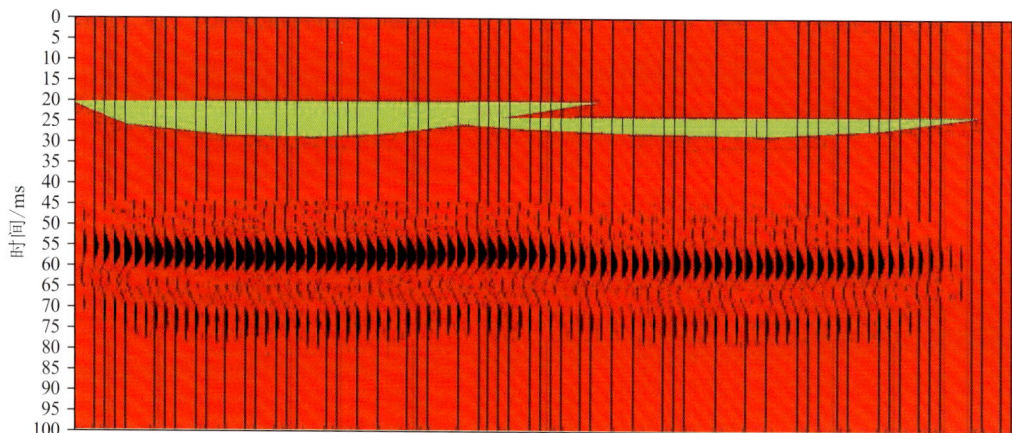

图 2-12　河道砂体同层不同期侧向切叠模型

　　上述正演模型说明,受横向分辨率及纵向分辨率限制,虽然地震资料不能精确识别储层边界及边部储层厚度,但是根据地震反射波形、反射能量等差异,可识别储层横向变化信息,为储层构型研究及油田开发阶段注采井网的完善、剩余油预测提供有效支撑。

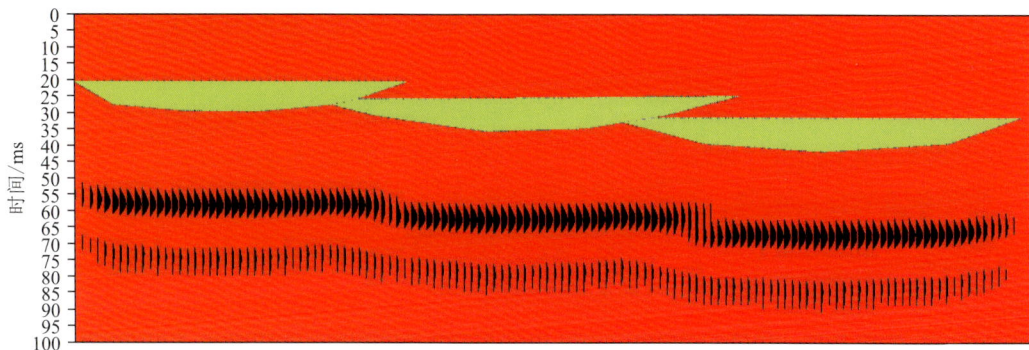

图 2-13　河道砂体单边式模型

3. 薄层岩性组合识别

陆相沉积普遍发育薄层岩性组合,而且横向变化复杂,基于常规地震分辨率理论难以进行预测。地震正演模型揭示不同岩性组合的地层波形及频率响应存在明显差异(图2-14),这为基于地震识别率开展不同岩性组合平面相带划分奠定了基础。

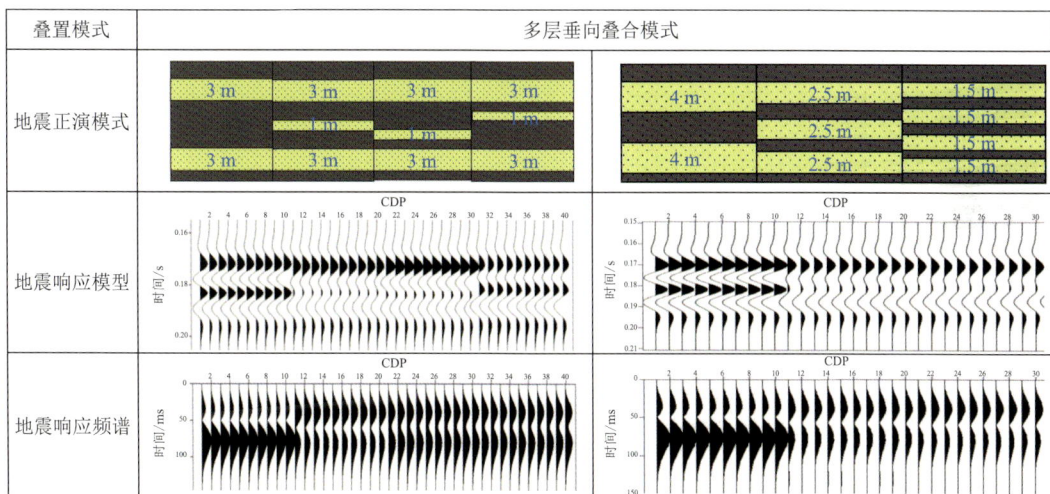

图 2-14　不同岩性组合地震响应特征

图 2-15 所示同样为垂向不同岩性组合对应的正演地震响应,模式包括:单一较厚砂层(厚度均小于地震资料的调谐厚度 11.5 m);单一薄砂层;薄层叠置,存在薄夹层;薄层与厚层叠置;多薄层叠置。正演模型特征为:

(1)单一较厚砂层。虽然为较厚砂层,但仍然小于地震资料的调谐厚度(11.5 m),所以顶、底反射仍然会相互干涉,形成单一对称、能量中等偏强的地震反射(图2-15a),可以根据波峰-波谷反射时间差预测实际砂体厚度。

(2)单一薄砂层。砂层很薄,顶、底反射波相互干涉,形成单一对称的地震反射,与厚层相比地震响应能量较弱(图2-15b),波峰-波谷反射时间厚度大于实际砂体厚度。

(3)薄层叠置,存在薄夹层。叠置总的厚度小于地震资料调谐厚度以及 4 个顶、底界面反射的相互干涉作用,形成能量很弱的反射,波形拉伸明显,基本不能根据地震反射识别两薄层(图2-15c)。

(4)薄层与厚层叠置。地震响应波形表现为不对称形式,与波谷相比,波峰明显拉伸,能量减弱,频率降低。波峰-波谷之间会有弱反射存在,但不能准确分辨两期砂层厚度。理论模型试验表明,通过对比单一反射波峰-波谷的波形差异,在叠置时可以有效识别各期砂层的相对厚度,波形稳定,能量偏强,与单一砂层时地震响应相似时为相对较厚砂层的界面反射(图2-15d)。

(5)多薄层叠置。当整体厚度大于地震资料调谐厚度时(图2-15e),由于多期砂层叠置,地震反射相互之间干涉影响严重,导致总体反射能量相对很弱,且波形呈不规则变化;当整体厚度在地震资料调谐厚度附近时(图2-15f),调谐成为单一波形,波峰能量居中而波谷出现明显拉伸,不能根据地震反射对单一薄砂层进行准确识别。

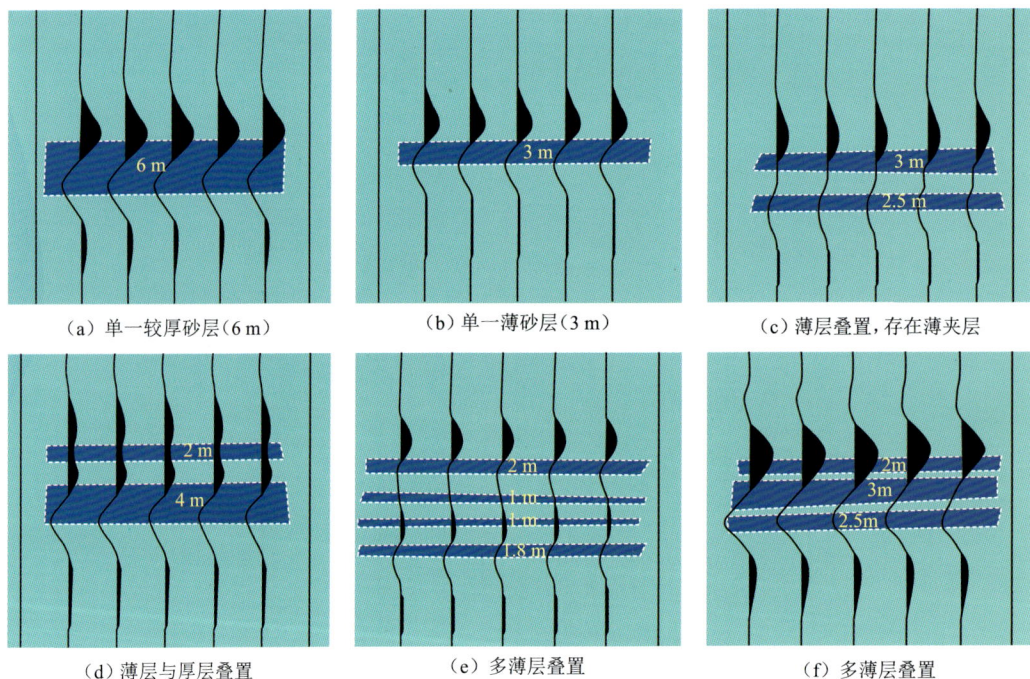

(a)单一较厚砂层(6 m)　　　(b)单一薄砂层(3 m)　　　(c)薄层叠置,存在薄夹层

(d)薄层与厚层叠置　　　(e)多薄层叠置　　　(f)多薄层叠置

图 2-15　不同岩性组合模式地震响应

综上所述,地震资料不能定量预测薄层油藏到底是哪种岩性组合关系,但根据地震识别率概念,利用波形差异可划分平面地震相,同时结合测井及地质资料,能够在一定程度上克服地震响应的多解性,这对油田开发研究具有重要指导意义。

参考文献

陈继松,常旭,1987.储油薄层的地震响应及定量解释[J].石油地球物理勘探,22(4):386-

399.

陈增保,陈小宏,李景叶,等,2014. 一种带限稳定的反 Q 滤波算法[J]. 石油地球物理勘探,49(1):68-75.

成景旺,2014. 海上 OBC 三维地震多波多分量采集并行模拟及应用研究[D]. 武汉:中国地质大学.

程玖兵,马在田,王成礼,2004. 地震成像的广义空间分辨率[A]. 北京:CPS/SEG 国际地球物理会议.

杜向东,2018. 中国海上地震勘探技术新进展[J]. 石油物探(3):321-331.

高静怀,汪玲玲,赵伟,2009. 基于反射地震记录变子波模型提高地震记录分辨率[J]. 地球物理学报,52(5):1289-1300.

郭栋,韩文功,2004. 高分辨率地震资料综合解释技术及其应用[J]. 勘探地球物理进展,27(4):290-296.

韩文功,郭栋,赵玉华,2001. 车西地区高分辨率资料解释效果分析[J]. 石油物探,40(3):61-67.

何汉漪,2001. 海上高分辨率地震技术及其应用[M]. 北京:地质出版社.

何引琼,马在田,2004. 三维地震道空间分辨率及高分辨率成像方法研究[A]. 西安:中国地球物理学会第二十届年会.

胡光义,范廷恩,陈飞,等,2017. 从储层构型到"地震构型相"——一种河流相高精度概念模型的表征方法[J]. 地质学报,91(2):465-478.

黄诚,桂红兵,杨飞,等,2014. 基于模型正演的深层砂泥岩薄互层地震分辨率研究[J]. 断块油气田,21(5):594-596.

井涌泉,范洪军,陈飞,等,2014. 基于波形分类技术预测河流相砂体叠置模式[J]. 地球物理学进展,29(3):1163-1167.

科迈洛,邢文定,1981. 最大似然地震反褶积[J]. 石油物探译丛,1(6):22-26.

李景叶,陈小宏,2003. 时移地震波阻抗反演方法研究[J]. 勘探地球物理进展,26(1):41-43.

李培明,王华忠,李伟波,等,2013. 地震共偏移距数据集的空间分辨率分析[J]. 石油物探,52(5):452-456.

李庆春,2001. 海上多波地震勘探技术[A]//中国科学技术协会,吉林省人民政府. 新世纪新机遇　新挑战——知识创新和高新技术产业发展(上册):1.

李庆忠,1994. 走向精确勘探的道路——高分辨率地震勘探系统工程剖析[M]. 北京:石油工业出版社.

李绪宣,朱振宇,张金淼,2016. 中国海油地震勘探技术进展与发展方向[J]. 中国海上油气,28(1):1-12.

凌云,高军,孙德胜,等,2007. 基于地质概念的空间相对分辨率地震勘探研究[J]. 石油物探,46(5):433-450.

凌云研究组,2003. 应用振幅的调谐作用探测地层厚度小于1/4波长地质目标[J]. 石油地球物理勘探,38(3):268-274.

凌云研究组,2004.地震分辨率极限问题的研究[J].石油地球物理勘探,39(4):435-443.

刘依谋,印兴耀,张三元,等,2014.宽方位地震勘探技术新进展[J].石油地球物理勘探,49(3):596-610+420.

刘振武,撒利明,董世泰,等,2013.地震数据采集核心装备现状及发展方向[J].石油地球物理勘探,48(4):663-676+506.

马在田,2004.地震偏移成像广义空间分辨率的定量计算[J].油气地球物理,2(3):1-14.

马在田,2005.反射地震成像分辨率的理论分析[J].同济大学学报,33(9):1144-1153.

马在田,夏凡,杨锴,2005.提高反射地震成像分辨率的方法及应用[J].天然气工业,25(9):29-32.

裴江云,何樵登,1994.基于 Kjartansson 模型的反 Q 滤波[J].地球物理学进展,9(1):90-99.

祁江豪,张训华,吴志强,等,2015.南黄海 OBS 2013 海陆联合深地震探测初步成果[J].热带海洋学报,34(2):76-84.

丘学林,赵明辉,敖威,等,2011.南海西南次海盆与南沙地块的探测和地壳结构[J].地球物理学报,54(12):3117-3128.

尚新民,刁瑞,冯玉苹,等,2014.谱模拟方法在高分辨率地震资料处理中的应用[J].物探与化探,38(1):75-80.

汪恩华,赵邦六,王喜双,等,2013.中国石油可控震源高效地震采集技术应用与展望[J].中国石油勘探,18(5):24-34.

汪小将,陈宝书,曹思远,2009.HHT 振幅频率恢复处理技术研究与应用[J].中国海上油气,21(1):19-22.

王柄章,1999.勘探地球物理方法技术的最新进展[J].石油地球物理勘探,34(4):465-483.

王学军,蔡加铭,魏小东,2014.油气勘探领域地球物理技术现状及其发展趋势[J].中国石油勘探,19,93(4):30-42.

王学军,于宝利,赵小辉,等,2015.油气勘探中"两宽一高"技术问题的探讨与应用[J].中国石油勘探,20(5):41-53.

王元君,周怀来,2015.时频域动态反褶积方法研究[J].西南石油大学学报(自然科学版),37(1):1-10.

渥·伊尔马兹,1993.地震数据处理[M].北京:石油工业出版社:99-107.

熊金良,王长春,刘原英,等,2000.海上四分量地震勘探综述[J].中国煤田地质(3):41-46.

姚振兴,高星,李维新,2003.用于深度域地震剖面衰减与频散补偿的反 Q 滤波方法[J].地球物理学报,46(2):229-233.

余本善,孙乃达,2015.海底地震采集技术发展现状及建议[J].海洋石油,35(2):1-5.

俞寿朋,1993.高分辨率地震勘探[M].北京:石油工业出版社:1-34.

云美厚,2005. 地震分辨率[J]. 勘探地球物理进展,28(1):12-18.

云美厚,丁伟,2005a. 地震分辨力新认识[J]. 石油地球物理勘探,40(5):603-608.

云美厚,丁伟,王新红,2005b. 地震水平分辨率研究与应用[J]. 勘探地球物理进展,28(2):102-107.

云美厚,丁伟,杨凯,2005c. 地震道空间分辨率研究[J]. 地球物理学进展,20(3):741-746.

张固澜,林进,王熙明,等,2015. 一种自适应增益限的反 Q 滤波[J]. 地球物理学报,58(7):2525-2535.

张树林,李绪宣,何汉漪,等,2002. 近海四分量地震构造勘探效果分析[J]. 石油地球物理勘探,37(5):446-454.

张树林,李绪宣,姜立红,2000. 海上多波多分量地震技术新进展与发展方向[J]. 物探化探计算技术,22(2):97-107.

章珂,李衍达,刘贵忠,等,1999. 多分辨率地震信号反褶积[J]. 地球物理学报,42(4):529-535.

赵殿栋,郑泽继,吕公河,等,2001. 高分辨率地震勘探采集技术[J]. 石油地球物理勘探,36(3):263-271.

赵谦,周江羽,张莉,等,2017. 利用地震波形-振幅响应技术预测海相碎屑岩岩性组合[J]. 石油地球物理勘探,52(6):1280-1289.

AO C,AREKLETT E K,2010. Structural interpretation using PS seismic on the Kvitebjørn Field in the North Sea[J]. The Leading Edge:402-407.

BANO M,1996. Q-phase compensation of seismic records in the frequency domain[J]. Bulletin of the Seismological Society of America,86(4):1179-1186.

BARR F J,1997. Dual-sensor OBC technology[J]. The Leading Edge(1):45-51.

BEAUDOIN G,MICHELL S,2006. The Atlantis OBS project:OBS nodes-defining the need,selecting the technology,and demonstrating the solution[C]. Offshore Technology Conference:17977.

BERG E,et al.,1994a. SUMIC:A new strategic tool for exploration and reservoir mapping[C]. EAGE-56th Meet. and Tech. Exhib. Austria,GO550.

BERG E,SVENNING B,MARTIN J,1994b. SUMIC:Multicomponent sea-bottom seismic surveying in the North Sea—Data interpretation and applications[C]. SEG Technical Program Expanded Abstracts:477-480.

BOVET L,CERAGIOLI E,TCHIKANHA S,et al.,2010. Ocean bottom nodes processing:Reconciliation of streamer and OBN data sets for time lapse seismic monitoring,the Angolan deep offshore experience[C]. SEG Annual Meeting Expanded Abstracts:3751-3755.

CALDWELL J,1999. Marine multicomponent seismology[J]. The Leading Edge,11:1274-1282.

CASTELAN A R,KOSTOV C,SARAGOUSSI E,et al.,2016. OBN multiple attenuation using OBN and towed-streamer data:Deepwater Gulf of Mexico case study,Thunder Horse Field[C]. SEG International Exposition and 86 th Annual Meeting Expanded Abstracts:4513-4517.

DENHAM L R,SHERIFF R E,1980. What is horizontal resolution? [J]. Expanded Abstract of 50th Annual Internet SEG Meeting,Session G17.

DETOMO R,QUADT E,PIRMEZ C,et al.,2012. Ocean bottom node seismic:Learnings from bonga,deepwater offshore Nigeria[C]. SEG Annual Meeting Expanded Abstracts:1-5.

EGIL H,LASSE A,1998. Decomposition of multicomponent sea floor data into primary PP,PS,SP,and SS wave responses[C]. SEG Annual Meeting:2040.

FJELLANGER J P,BOEN F,RONNING K J,2006. Successful use of converted wave data for interpretation and well optimization on Grane[C]. SEG Annual Meeting Expanded Abstracts:1138-1142.

HALE D,1981. An inverse Q-filter[J]. Stanford Exploration Project,28:289-298.

HARGREAVES N D,CALVERT A J,1991. Inverse Q filtering by Fourier transform [J]. Geophysics,56(4):519-527.

HAYKIN S,1994. Blind deconvolution[M]. New Jersey:Prentice Hall.

HOWIE J,MAHOB P,SHEPHERD D,et al.,2008. Unlocking the full potential of Atlantis with OBS nodes[C]. SEG Annual Meeting Expanded Abstracts:363-367.

KNAPP R W,1990. Vertical resolution of thick beds,thin beds and bed cyclothems[J]. Geophysics,55(9):1183-1190.

KORMYLO J,XING WENDING,1981. Maximum-likelihood seismic deconvolution[J]. Oil Geophysical Exploration Translations,1(6):22-26.

LI FANG,WANG SHOUDONG,CHEN XIAOHONG,et al.,2013. Prestack nonstationary deconvolution based on variable-step sampling in the radial trace domain[J]. Applied Geophysics,10(4):423-432.

LI GUOFA,PENG GENXIN,YUE YING,et al.,2012. Signal-purity-spectrum based colored deconvolution[J]. Applied Geophysics,9(3):333-340.

MARGRAVE G F,1998. Theory of nonstationary linear filtering in the Fourier domain with application to time variant filtering[J]. Geophysics,63(1):244-259.

MARGRAVE G F,LAMOUREUX M P,GROSSMAN J P,et al.,2002. Gabor deconvolution of seismic data for source waveform and Q correction[C]. SEG Technical Program Expanded Abstracts,2 90-2193.

MARGRAVE G F,LAMOUREUX M P,HENLEY D C,2011. Gabor de convolution:Estimating reflectivity by nonstationary deconvolution of seismic data[J]. Geophysics,76 (3):15-30.

REASNOR M,BEAUDOIN G,PFISTER M,et al.,2010. Atlantis time-lapse ocean bottom node survey:A project team's journey from acquisition through processing[C]. SEG Annual Meeting Expanded Abstracts:4155-4159.

ROBINSON E A,TREITEL S,1967. Principles of digital wiener filtering[J]. Geophysical Prospecting,15(3):311-332.

ROGNO H,KRISTENSEN A,AMUNDSEN L,1999. The statfjord 3-D,4-C OBC survey[J]. The Leading Edge,11:1301-1305.

ROSS A A,OPENSHAW G,2006. The Atlantis OBS project overview[C]. Offshore Technology Conference:17982.

SHERIFF R E,1977. Limitations on resolution of seismic reflection and geologic detail derivable from them[J]. AAPG Memoir 26:3-14.

SMIT F,PERKINS C,LEPRE L,et al.,2008. Seismic data acquisition using ocean bottom seismic nodes at the Deimos Field,Gulf of Mexico[C]. SEG Annual Meeting Expanded Abstracts:998-1002.

THOMPSON M,ARNTSEN B,AMUNDSEN L,2007. Full azimuth imaging through consistent application of ocean bottom seismic[C]. San Antonio:SEG Annual Meeting:936-940.

ULRYCH T J,1971. Application of homomorphic deconvolution to seismology[J]. Geophysics,36(4):650-660.

WANG YANGHUA,2002. A stable and efficient approach of inverse Q filtering[J]. Geophysics,67(2):657-663.

WANG YANGHUA,2006. Inverse Q-filter for seismic resolution enhancement[J]. Geophysics,71(3):51-60.

WHITEBREAD R,DAWSON A,KING B,et al.,2014. 3D surface-related multiple elimination on ocean-bottom sensor data—An integrated compressional and converted wave approach using towed streamer data in the North Sea[C]. London:Presented at the PETEX.

WIDESS M A,1973. How thin is a thin bed? [J]. Geophysics,38(8):1176-1254.

WIGGINS R A,1978. Minimum entropy deconvolution[J]. Geoexploration,16(1-2):21-35.

Yu Z Q,MARQUES V,DOUMA H,2017. Using multiples to extend the imaged area of OBN data from the Santos basin[C]. Rio de Janeiro:15th International Congress of the Brazilian Geophysical Society & EXPOGEF:1344-1349.

ZHANG JUNHUA,ZHANG BINBIN,ZHANG ZAIJIN,et al.,2015. Low frequency data analysis and expansion[J]. Applied Geophysics,12(2):212-220.

ZHOU HUAILAI,WANG JUN,WANG MINGCHUN,et al.,2014. Amplitude spectrum compensation and phase spectrum correction of seismic data based on the generalized S transform[J]. Applied Geophysics,11(4):468-478.

第三章
低序次断层检测技术

第一节 低序次断层的概念

断层是控制油气生成、运移、聚集、保存和分布的关键地质因素之一。根据断层断距大小、断层延伸长度、发育时间长度及其控制作用规模,断层通常可分为 5 个级别,见表 3-1(孙英杰,2017)。不同级别断层的控制作用不同。四级以上的断层为高序次断层,规模较大,控制着油气的运移和聚集,五级以下的断层属于低序次断层,是在走滑应力、伸展应力以及受主断层的牵引或在局部地区的拱升应力等作用下形成的。在空间上,各种应力机制相互影响和改造,使低序次断层变得错综复杂。在平面上,低序次断层主要有平行状、帚状、放射状、环状、棋盘格式、羽状、"人"字形等组合样式。低序次断层大多是主断层的伴生产物,主要影响局部油水关系、储层连通性和剩余油分布。因此,低序次断层的刻画对于落实各储量单元内油水关系,解决井间注采矛盾,预测剩余油分布具有重要意义(夏波等,2016;杨志成等,2016,2018;金宝强等,2011)。

表 3-1 断层的分级

断层级别	断层延伸长度/m	断层断距/m	断层作用
一级断层	＞50	8 000～10 000	控制盆地沉积、凸起与凹陷边界,控制早期伴生断裂带及断阶带形成,控制凹陷油气聚集
二级断层	10～50	500～8 000	控制构造带形成,控制潜山及披覆背斜形成,控制构造带油气聚集
三级断层	5～10	200～500	对沉积起一定控制作用,控制局部伴生断裂带,控制断块区油气聚集
四级断层	2～5	50～200	主要分布在各局部构造上,是划分断块的依据,控制断块油气聚集
五级以下断层	1～2	＜50	分布在断块内部,部分分割断块,控制局部油水关系和剩余油分布

由于低序次断层规模较小,在地震剖面上通常表现为同相轴微小错开或扭曲、振幅突然变弱等特征(图 3-1),与岩性变化引起的反射层同相轴变化常相混淆。它的识别、描述受控于地震垂向分辨率,在常规地震资料剖面上一般不易识别,平面上也难以区分和组合。

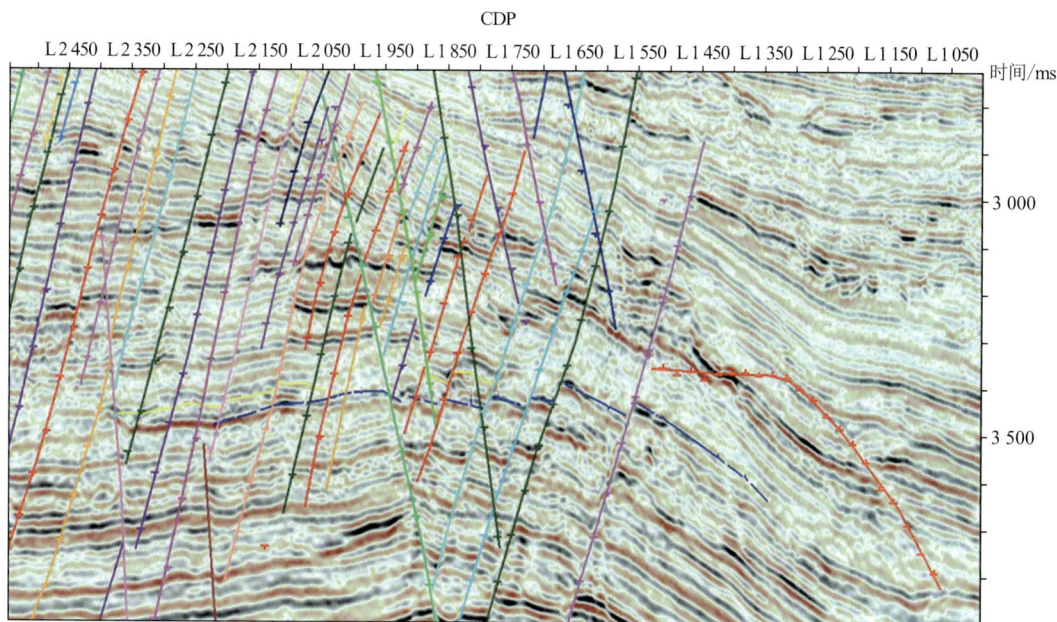

图 3-1　低序次断层的地震响应特征

国内学者对低序次断层的研究起步较早,取得了一系列进展。张宗檩(2004)根据断层的规模、性质等因素,将济阳坳陷盆地内部的断层划分出 6 个级别,认为其中四级及以下序次的断层统称为低序次断层。罗群等(2007)依据断层应力场的特征,总结了低序次断层的成因类型特征与地质意义。边树涛等(2007)利用地震相干体技术对曲堤油田低序次断层的刻画进行了探索。史军(2009)利用蚂蚁体追踪技术解释埕岛油田低序次断层取得了很好效果。张美玲等(2011)通过井震结合考察构造位置的变化趋势,并对辽河盆地卫星油田的小断层进行了刻画。黄捍东等(2014)通过声波方程正演,探讨低序次断层在偏移剖面及切片上的表现规律。夏波等(2016)通过地震资料优选和平剖组合的方式对辽河油田主力边部断裂系统的低序次小断层进行了识别。杨志成等(2018)针对中深层的低序次断层,基于重处理的地震资料,利用常规解释方式与蚂蚁追踪相结合的方法,结合构造运动对断层的控制作用,采用层次分析的方法逐级确立了断层发育模式,并以此为指导识别了 JX 油田的不同序次的断层。凌东明等(2019)运用振幅差异属性定向优化的方法,消除了非断裂地质效应,突出了目标低序次断层的剖面特征,提高了地震属性辅助识别能力。在现有研究成果的基础上,笔者通过地震正演模型分析了低序次断层的地震识别能力,并总结了有针对性的目标处理和敏感性检测技术。

第二节　低序次断层检测精度正演研究

受地震资料分辨率的影响,断距较小的低序次断层识别困难。针对具体油田,可根据实际情况,通过对地质模型进行正演模拟,分析不同断距断层的地震响应特征。将合成地震记录与实际地震资料进行对比分析,总结不同级别断层的地震响应特征,为低序次断层的识别和解释提供参考依据(田楠等,2016)。

图 3-2(a)所示为 E 油田不同断距的断层模型,砂岩速度 v_{sand} 和泥岩速度 v_{shale} 分别为 1 562 m/s 和 2 045 m/s,断距分别为 5 m,7 m,9 m 和 12 m。图 3-2(b)所示为对该模型采用不同主频的雷克子波进行褶积得到的合成记录。由图可见,随着子波主频的增加,断层的分辨率也增加。20 Hz 主频时,7 m 以上的断层表现为明显的同相轴错断现象,可以识别,但是 5 m 左右的断层仅表现为同相轴扭曲,难以识别。随着子波主频的增加,7 m 以上的断层能识别得更加清晰。当子波主频增加到 50 Hz 时,5 m 的断层已经可以识别。这说明断层的分辨率与子波主频有关。

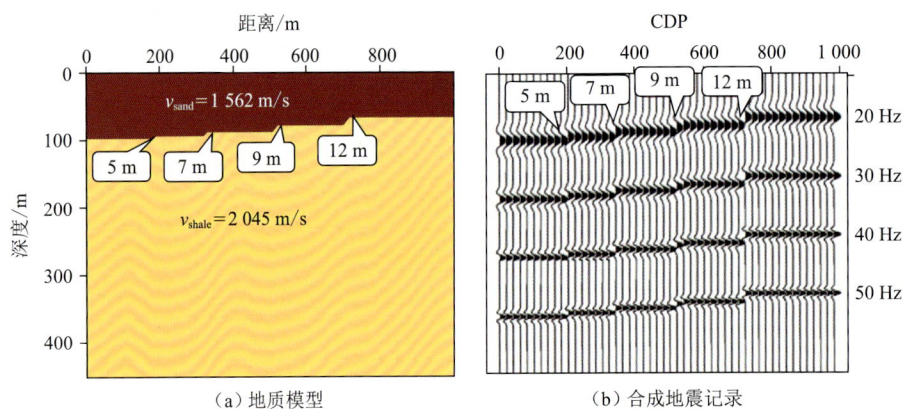

图 3-2　浅层断层模型及其地震响应特征

图 3-3(a)所示为该油田深层地质模型。随着埋深的增加,砂岩速度不断增大,深层砂岩速度大于泥岩速度。该模型中设置砂岩、泥岩速度分别为 2 427 m/s 和 2 331 m/s。图 3-3(b)所示为该模型对不同主频子波的响应。对比图 3-2(b)和图 3-3(b)中 20 Hz 子波的响应,可知浅层模型中可以识别的 7 m 断层,到深层已经完全不能识别,甚至 9 m 的断层识别起来也较为困难。因此,影响断层分辨率的另一个重要因素是地层速度。

此外,噪音的存在也会进一步降低断层的分辨率。图 3-4 是对图 3-3 中剖面加入 100％随机噪音得到的地震剖面。由图可知,当地震剖面中含有噪音时,对 30 Hz 的响应,所有断层均已不能识别。对 40 Hz 和 50 Hz 的响应,仅 12 m 左右的断层能够识别。由于实际地震剖面往往是含噪剖面,因此实际资料的断层分辨率要比理论不含噪模型的分辨率低。

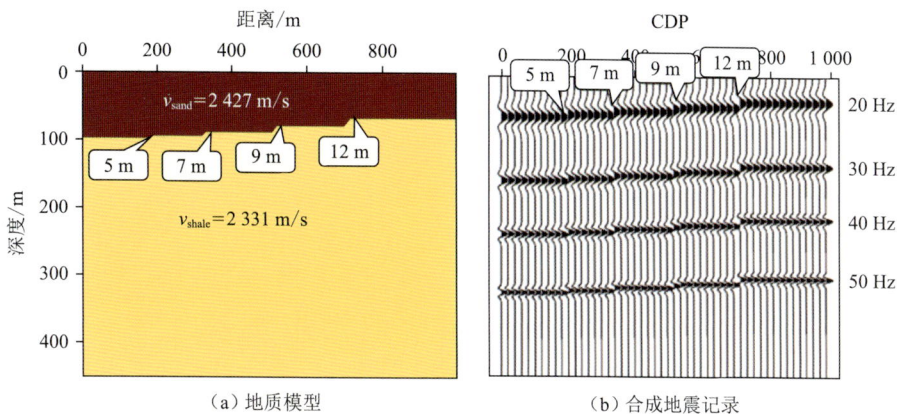

（a）地质模型　　　　　　　　（b）合成地震记录

图 3-3　深层断层模型及其地震响应特征

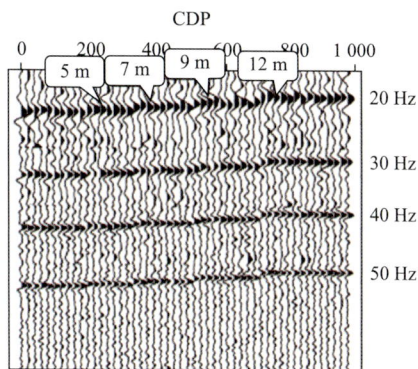

图 3-4　对图 3-3 中剖面加入 100% 随机噪音后的地震剖面

E 油田目的层砂泥岩速度与上述深层模型相当，目的层段地震资料主频约为 40 Hz，根据正演模型和地震资料信噪比，基本可确定目的层段基于地震剖面可解释的最小断层为断距 12 m 左右的断层。

第三节　低序次断层检测技术

常规断层解释主要是以方差切片为指导（武加鹤等，2018；刘显太等，2013；李建雄等，2011；Neves et al.，2004），剖平结合来完成，但对低序次断层而言，方差切片刻画精度有限，需要借助其他技术来进行低序次断层检测。通过多年实践经验，总结出一套低序次微小断层检测组合技术（图 3-5），可为油田开发阶段低序次断层检测提供重要支撑。

一、断层增强处理技术

原始地震数据存在噪声，会对低序次断层识别产生影响。为突出显示低序次断层，首先采用断层增强滤波处理技术对地震数据进行断层增强处理，在此基础上再提取方差体、

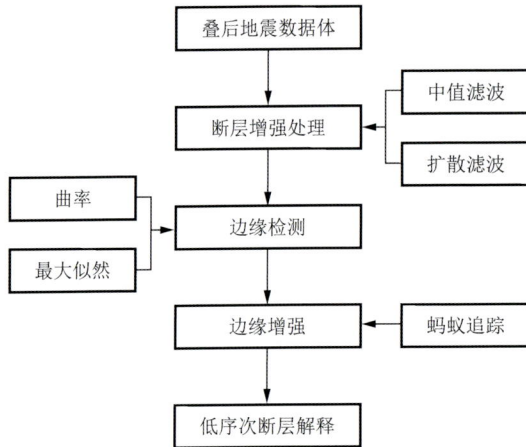

图 3-5　低序次断层解释组合技术流程

曲率体、最大似然体等属性(刘洋等,2011;杨培杰等,2010;田楠等,2016)。

倾角中值滤波能够有效压制随机噪音并保护地下地层结构,但该方法的平滑作用不利于保持断层边界。基于偏微分方程的扩散滤波能够较好地保持断层边界,但噪音压制效果不佳,严重时还可能产生一些假的不连续现象。断层增强滤波将以上两种方法结合使用,以数据相似性为判别条件,对相似性好的位置采用倾角中值滤波,对数据相似性差的位置(如断层边界)采用扩散滤波,最后将两种方法的滤波结果结合起来,得到最终的断层增强处理结果。

图 3-6(a)所示为 E 油田的一条原始地震剖面,图 3-6(b)所示为倾角中值滤波结果,图 3-6(c)所示为扩散滤波结果,图 3-6(d)所示为断层增强处理结果。由图可见,倾角中值

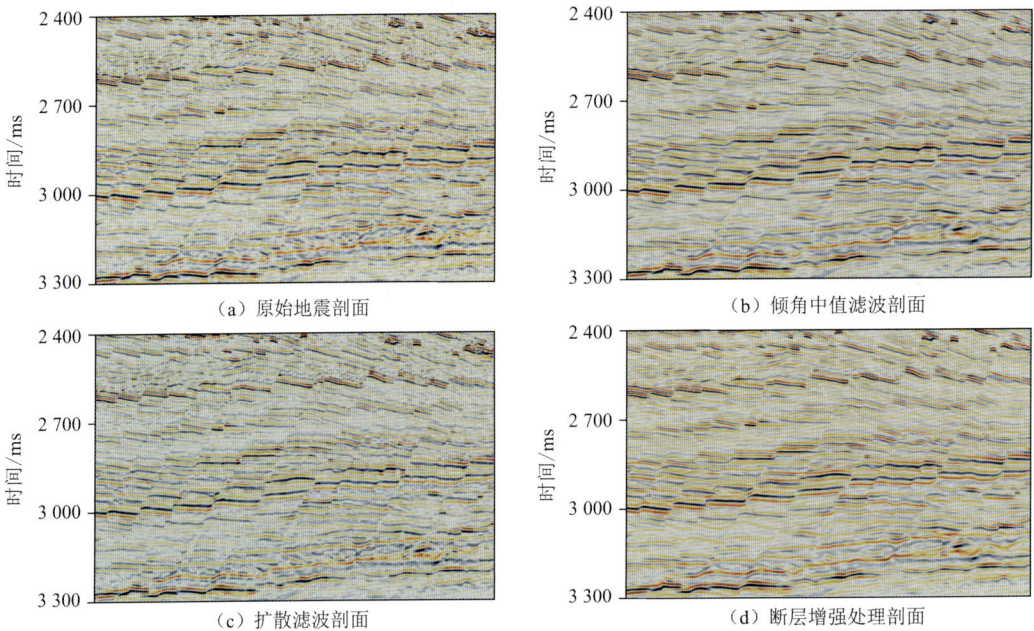

(a) 原始地震剖面

(b) 倾角中值滤波剖面

(c) 扩散滤波剖面

(d) 断层增强处理剖面

图 3-6　断层增强处理

滤波明显压制了随机噪音,但是未能增强断层边界,甚至会使微小断层边界变得模糊;扩散滤波可使断层边界清晰,但是随机噪音并未得到很好的压制;而两种滤波结合使用后,随机噪音得到了较好的压制,同时断层边界也更加清晰。

断层增强处理技术不但可使低序次断层在剖面上易于识别,而且可提高低序次断层在方差数据体上的识别精度。图 3-7(a)和(b)所示分别为断层增强处理前地震数据和断层增强处理后地震数据的方差时间切片。由图可见,图 3-7(a)中被噪音掩盖而难以识别的低序次断层,经处理后在图 3-7(b)中变得清晰可见。

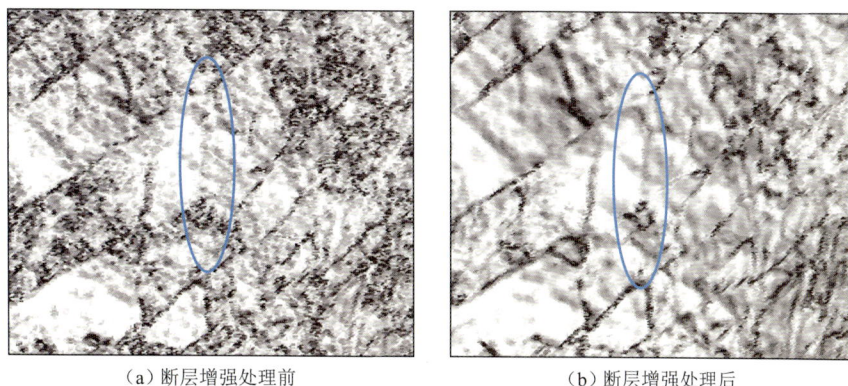

(a)断层增强处理前　　　　　　　　　　(b)断层增强处理后

图 3-7　方差时间切片(3 000 ms)

二、曲率属性分析技术

曲率属性作为地震几何属性的一种,近年来在地震资料解释方面得到了迅速的发展和应用(聂妍,2019;刘显太等,2013)。曲率属性用于描述地质体的几何变化,与地震反射体的弯曲程度相对应,对岩层的弯曲、褶皱和裂缝、断层等反应敏感,是寻找地层构造特征的有效手段。

地震曲率属性能反映地震数据体的几何变化,其本质是反映岩层的应变大小。曲率较大的地区对应较大的应变区域,有利于低序次断层及裂缝的产生。曲率属性已经成为预测小断层及裂缝的一种重要手段,尤其是对在地震剖面上呈现为挠曲特征的低序次断层有较好的识别能力。

下面以 P 油田中生界花岗岩潜山顶面低序次断层检测为例,说明曲率属性的应用效果。P 油田断层是由于受到挤压及拉张应力共同作用而形成。潜山顶面随着长期风化剥蚀,古断层位置处易形成沟脊相间的构造特征,而曲率属性可较好地检测潜山顶面的沟脊地貌,进而刻画潜山顶面断距较小的古断层。

首先对该油田地震数据进行断层增强处理(图 3-8),在此基础上提取最大曲率属性(最正曲率+最负曲率,图 3-9),其中最正曲率(黑)显示断层上盘弯曲的几何边缘,最负曲率(白)显示断层下盘弯曲的几何边缘,所以在最正曲率和最负曲率交接的地方即断层所在。该曲率属性反映出断层的轮廓和走向,结合地震剖面反射特征(图 3-10),可确定曲率值大的位置为常规构造解释中并未发现的低序次断层。正曲率值大处对应剖面中的脊位置,负曲率值小处对应剖面中的沟位置。由于断层风化剥蚀后形成沟脊,因此脊部位和沟部位均可能是微小断层发育处。因此,正负曲率相结合较好地反映了古地貌的形态,有利于微小断层发育位置的确定。

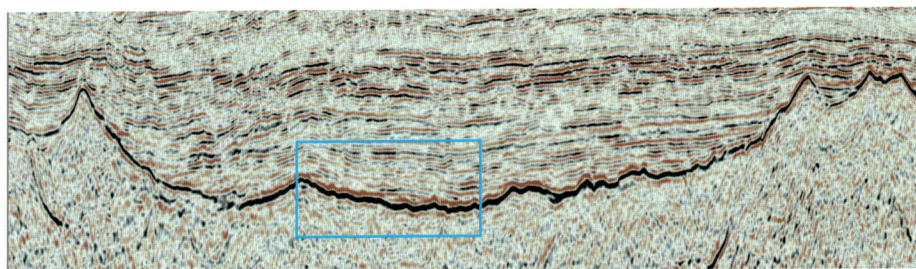

(a)原始地震剖面

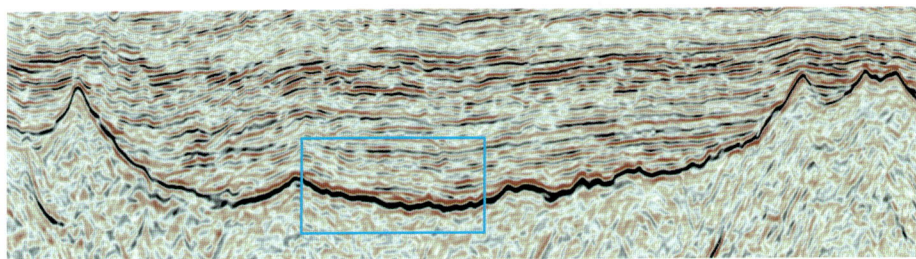

(b)断层增强处理剖面

图 3-8　P 油田断层增强处理

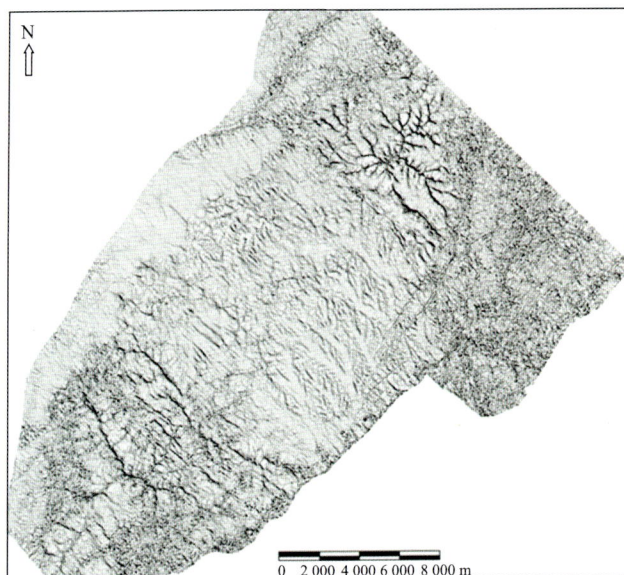

图 3-9　P 油田最大曲率属性

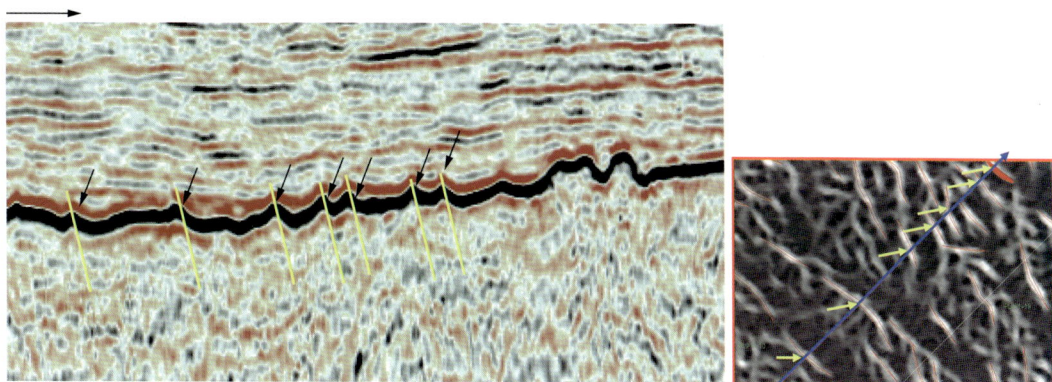

图 3-10　P 油田低序次断层剖面反射特征

三、最大似然体分析技术

为更好地解决低序次微小断层的识别的问题,Hale(2013)将图像处理中的最大似然体属性算法引入地震勘探领域中,提出了一种断裂似然体地震属性检测新技术,对微小断层检测效果较好。该属性的计算基于地震相似性,表示可能存在的断层"最大似然体"程度是多少。其具体原理是:在多类识别时采用统计方法建立起一个判别函数集,计算各分类样品的归属概率,样品属于哪类的概率大就判别其属于哪类。虽然微小断层仅表现为同相轴挠曲,但是计算得到的最大似然体属性依然可以探测并突出断层(余攀,2018)。

以 B 油田为例,首先对该油田地震资料进行断层增强处理(图 3-11a,b),在此基础上计算最大似然体,得到能够更清晰、更准确地反映断层位置的似然体地震属性结果。地震剖面和最大似然体叠合(图 3-11c),揭示两者吻合程度较好,微小断裂检测效果明显。基于最大似然体的低序次断层解释结果(图 3-12)为该油田储量品质评价及井位部署奠定了基础。

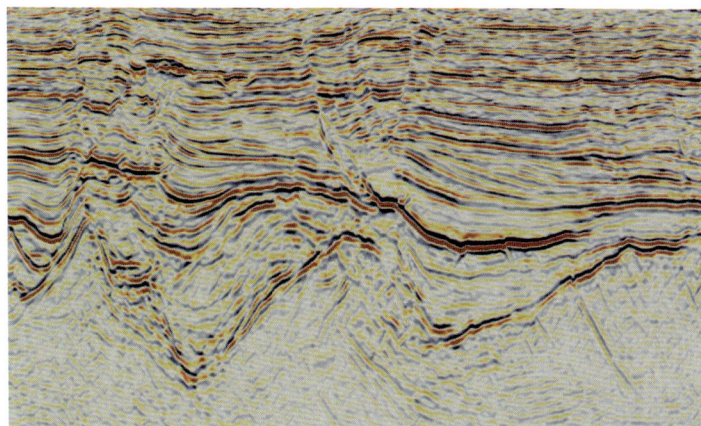

(a)原始地震剖面

图 3-11　B 油田基于最大似然体的低序次断层检测

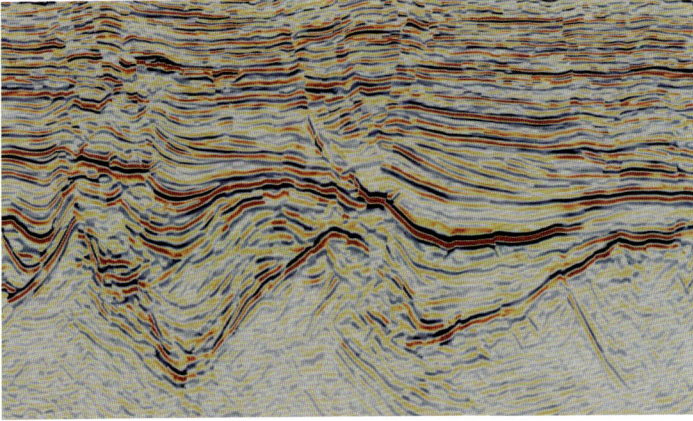

（b）断层增强处理剖面

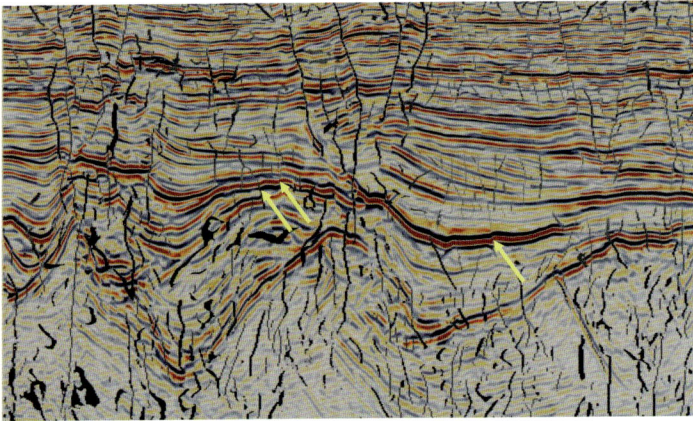

（c）断层增强处理与最大似然体叠合剖面

图 3-11(续) B油田基于最大似然体的低序次断层检测

图 3-12 B油田基于最大似然体的低序次断层解释结果

四、蚂蚁追踪技术

蚂蚁追踪算法是一种最新发展的模拟昆虫王国中蚂蚁群体沿最短路径觅食行为的仿生优化算法。其遵循类似于蚂蚁在其巢穴和食物源之间利用可吸引蚂蚁的信息素(一种化学物质)传达信息,以寻找最短路径的原理。在最短路径上,用更多的信息素做标记,使随后的蚂蚁更容易选择这一最短路径。该技术的原理是在地震体中设定大量这样的电子"蚂蚁特工",并让每个"蚂蚁"沿着可能的断层面向前移动,同时发出"信息素"。沿断层前移的"蚂蚁"能够追踪断层面,若遇到预期的断层面将用"信息素"做出非常明显的标记。而对不可能是断层的那些面将不做标记或只做不太明显的标记。应用蚂蚁追踪技术在三维相干体上对断层进行追踪,可细化主断层的边界,较好地描述低序次断层的延伸范围,有助于解决复杂断裂系统的断层平面组合问题(赵俊省等,2013;史刘秀等,2015;巫波等,2014)。

图3-13(a)所示为E油田三维地震数据相干时间切片,图3-13(b)所示为对图3-13(a)进行蚂蚁追踪的结果。经过蚂蚁追踪后,原相干时间切片上难以识别的两条断距很小的低序次断层变得清晰可见(图3-13b椭圆标记位置),其在地震剖面上并未错断,仅表现为同相轴扭曲,常规断层解释技术难以识别(图3-14)。利用蚂蚁追踪的结果指导剖面断层解释以及断层平面组合,可以提高构造解释精度,更好地为油田开发服务。

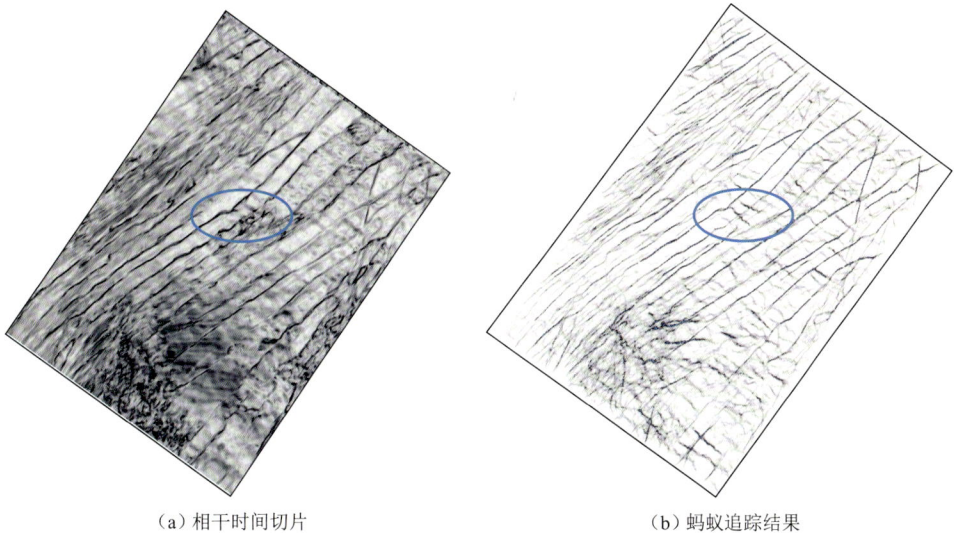

(a)相干时间切片　　　　　　　　(b)蚂蚁追踪结果

图 3-13　相干时间切片与蚂蚁追踪结果

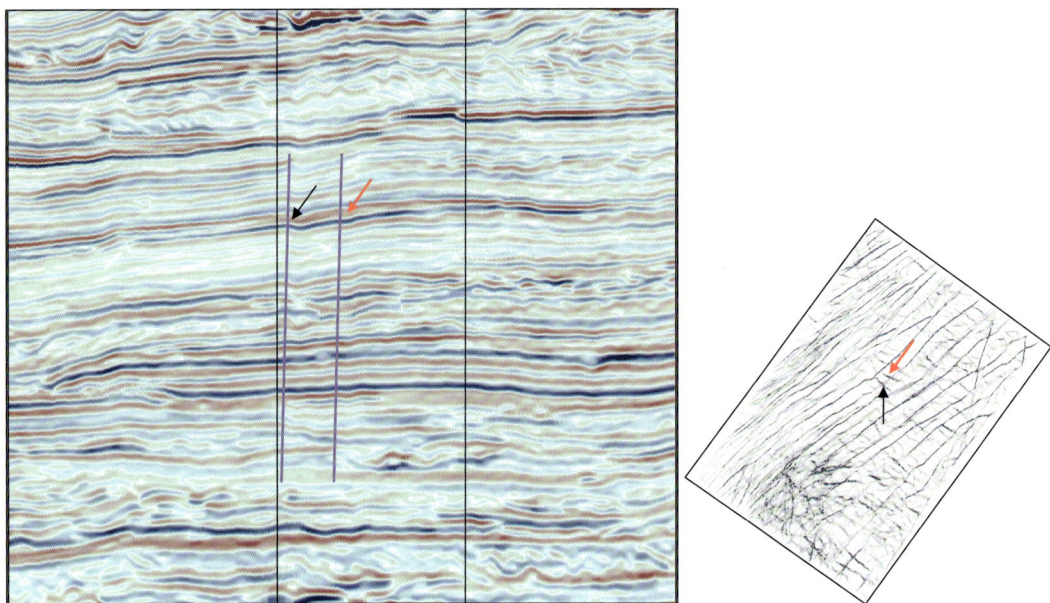

图 3-14　基于蚂蚁追踪的低序次断层解释剖面

第四节　应用实例

本节以 K 油田为例,说明低序次断层检测在油田开发中的应用。

一、油田概况

K 油田位于渤海南部海域莱北低凸起南界大断层下降盘,是受莱北 1 号边界大断层控制继承性发育的半背斜构造(图 3-15)。该油田为中深层砂岩油气藏油田,油藏埋深大于 2 000 m,开发层系主要为东营组和沙河街组。其中,沙河街组内部被北东向和北西向断层分割成不同的断块,构造北高南低,地层向东、西、南三面下倾(图 3-16)。

油田为辫状河三角洲沉积,以薄互层为主,大部分砂体厚度小于 5 m。钻后发现该油田沙河街组地质模式更加复杂化,对其认识由层状构造油藏模式变为构造—岩性油藏模式,纵向流体系统细分,储层横向变化快,储层平面分布及连通性认识困难,同时油田低序次小断层发育,开发井井位优化成为油田随钻开发阶段的工作重点。

低序次断层的落实是影响井位的重要因素之一,但由于目的层段地震资料分辨率较低(主频 37 Hz,分辨率 20 m 左右),常规断层解释技术难以满足油田井位优化阶段断层细化研究的需要。因此,需要采用上述低序次微小断层检测技术对低序次断层进行刻画,重新落实 K 油田小断层展布,为开发井位优化提供依据。

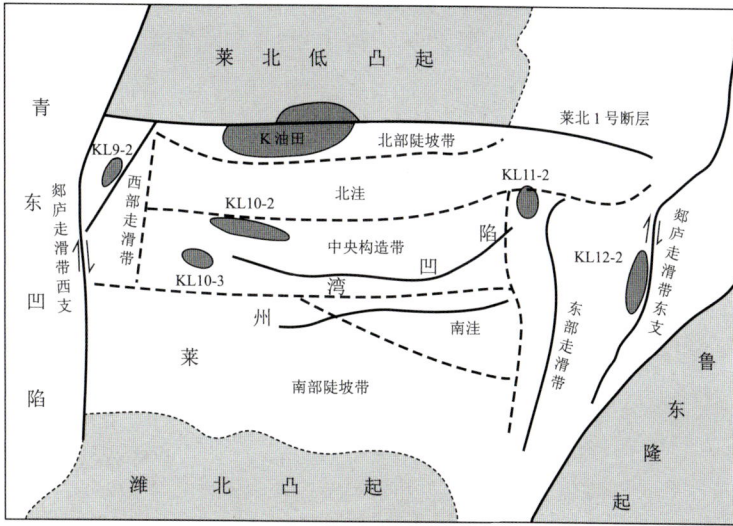

图 3-15 K 油田地理位置

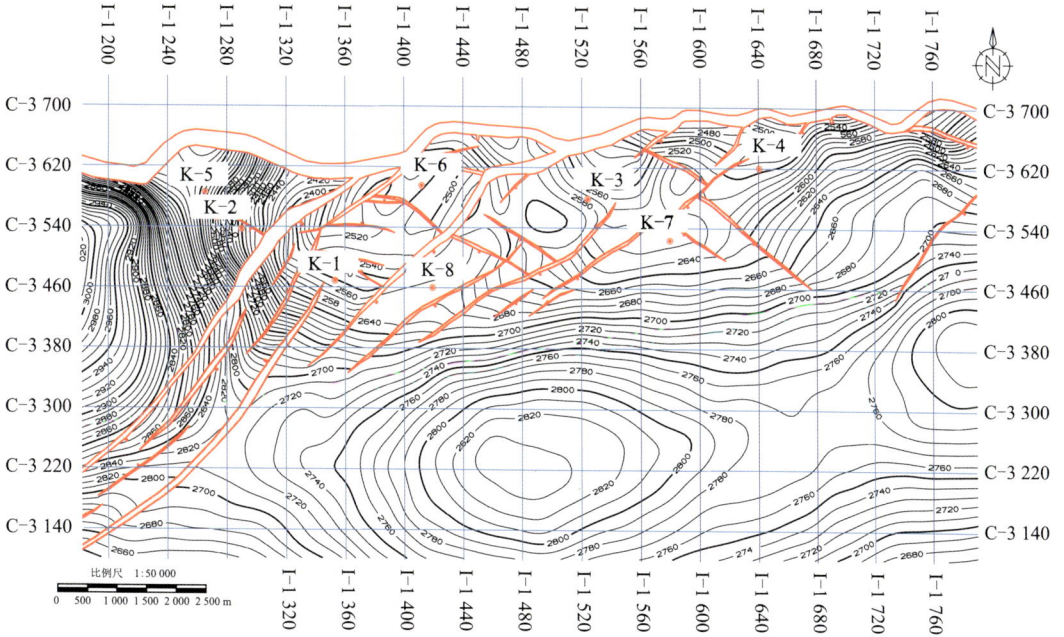

图 3-16 K 油田沙三中 I 上油组顶面构造图

二、低序次断层检测及生产应用

首先对地震资料进行断层增强处理(图 3-17),处理后地震剖面上低序次小断层及边界大断层的断面都更加清晰,易于识别。

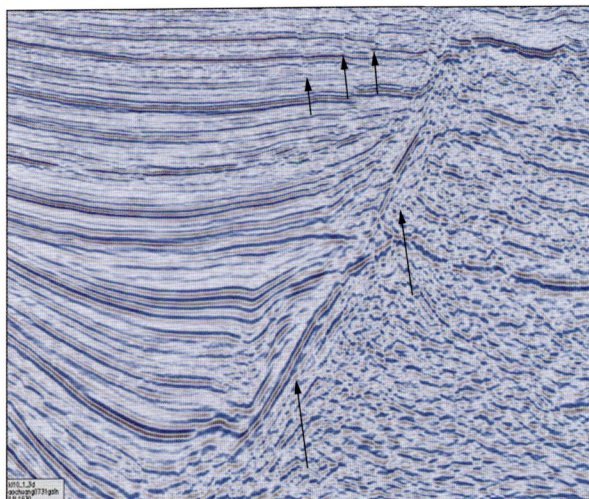

（a）原始地震剖面

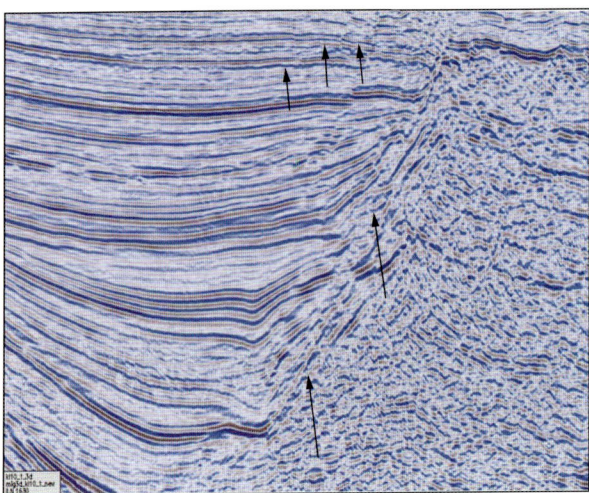

（b）断层增强处理剖面

图 3-17　K 油田断层增强处理

基于断层增强处理地震资料，结合相干属性，K 油田新增低序次断层 FF1 及 FF2（图 3-18）。低序次断层的增加会对储层连通性、开发井注采关系造成影响，因此需要根据低序次断层刻画结果开展井位优化工作，达到规避低效井、降低钻井风险的目的。

基于原断层解释方案设计 B6 井和 B17 井两口生产井，其中 B17 为注水井，计划为 B6 井注水。但由于 B6 井和 B17 井之间新增北东向 FF1 断层（图 3-19a），受该断层影响，B6 井和 B17 井间储层连通性存在风险，建议进一步跟踪分析该断层对 B6 井和 B17 井注采受效情况。

同样，基于原方案设计 B42 井和 B37 两口生产井，其中 B37 为采油井，B42 井为注水井，计划为 B37 井注水。B30 井、B37 井、B43 井及 B44 井实施后，实钻表明各井储层单层厚度与叠置厚度均较薄（10～15 m），而新增 FF2 断层断距在 15 m 左右，B42 井与 B37 井间储层不连通可能性较大，因此 B37 采油井存在不受效风险。建议进一步优化或者取消

B42 井，以达到规避风险井的目的（图 3-19b）。

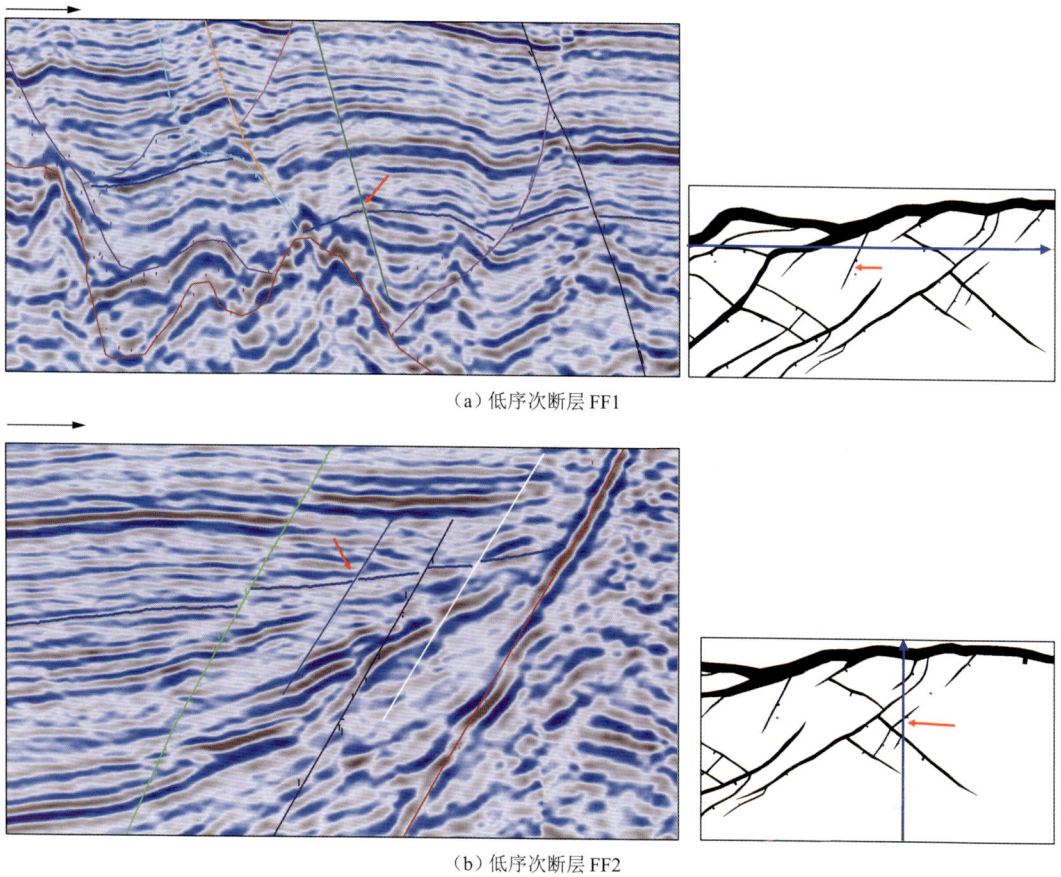

（a）低序次断层 FF1

（b）低序次断层 FF2

图 3-18　K 油田低序次断层解释

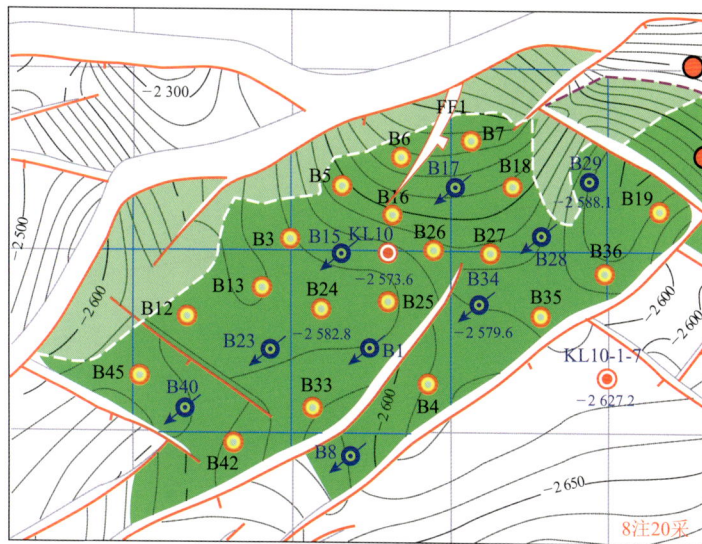

（a）基于低序次断层 FF1 的井位优化

图 3-19　K 油田井位图

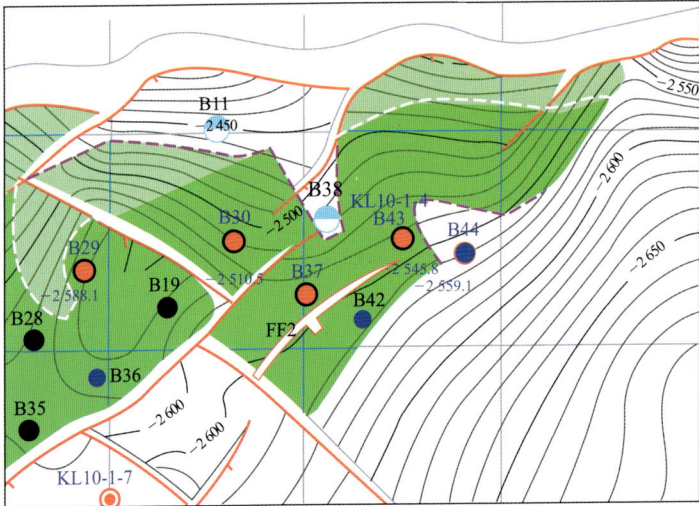

（b）基于低序次断层 FF2 的井位优化

图 3-19(续)　K 油田井位图

除新增低序次断层外,基于断层增强处理资料,结合相干切片等信息,也可落实低序次断层延伸长度及其与周边高序次断层的组合关系。如 K 油田 B40 井区的 F2,F7,F9 和 F27 断层原组合关系(图 3-20)表明该井区与主体区为同一套油水系统。而基于低序次断层检测组合技术,对低序次断层 F9 和 F27 平面延伸长度及其与 F2 和 F7 断层的组合关系进行调整(图 3-21 至图 3-24)。F9 与 F27 断层向东南方向延长,相交于 F7 断层; F2 断层向东北方向延长,相交于 F9 断层。

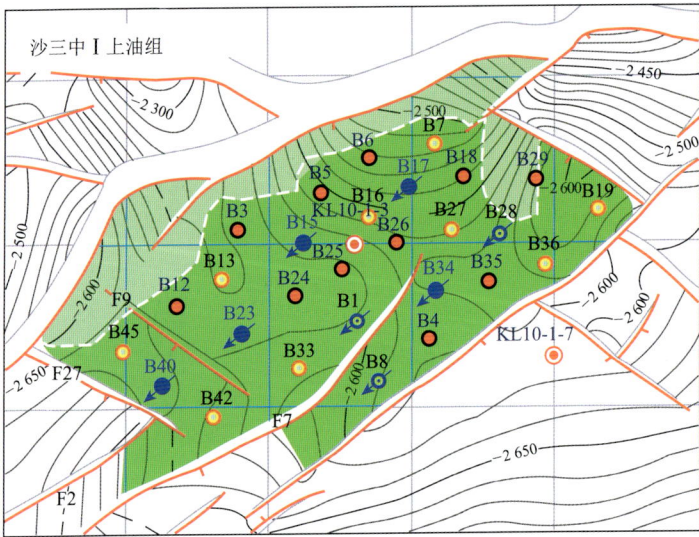

图 3-20　B40 井区 F2,F7,F9 和 F27 断层原平面图

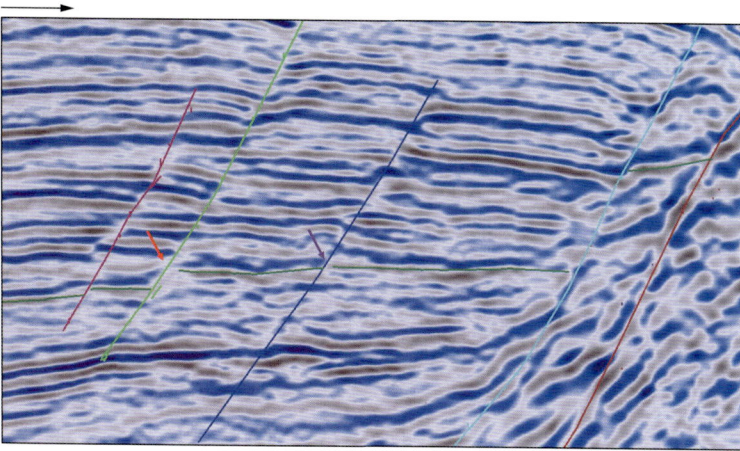

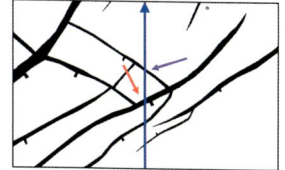

图 3-21　过 F9 和 F7 断层地震剖面图

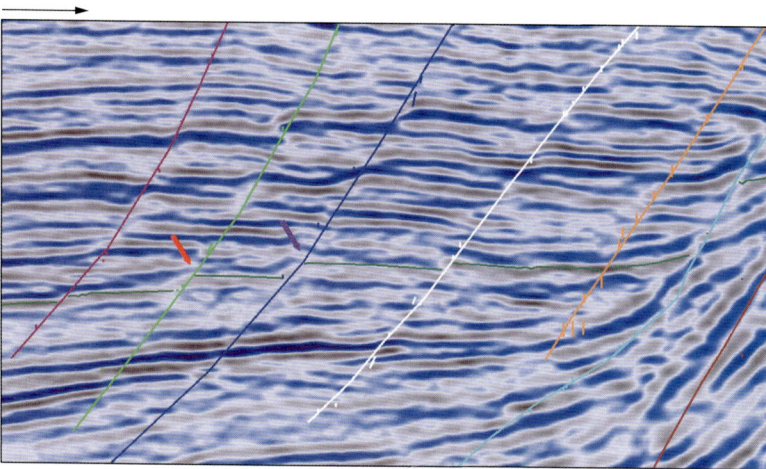

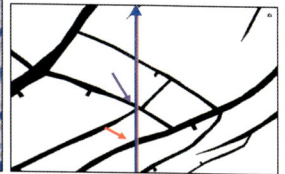

图 3-22　过 F27 和 F7 断层地震剖面图

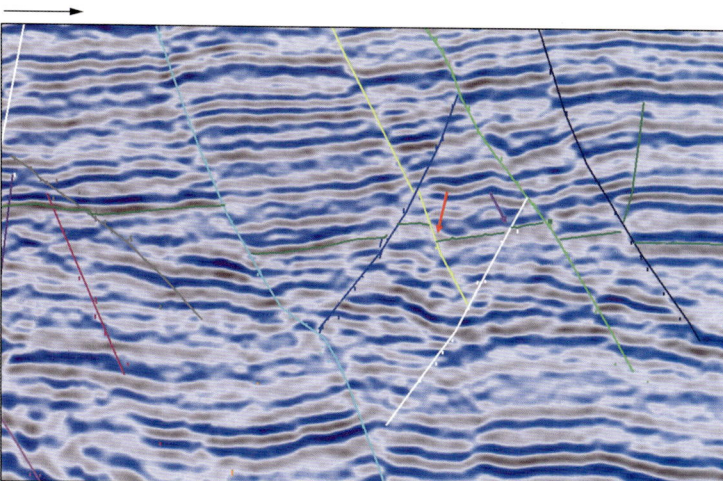

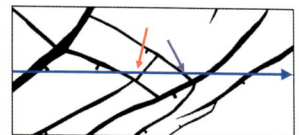

图 3-23　过 F2 和 F9 断层地震剖面图

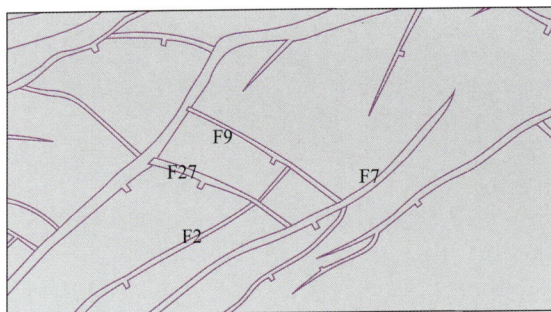

图 3-24　F2,F7,F9 和 F27 断层相交特征平面图

　　根据原断层组合关系(图 3-20),B40 井、B42 井与 B23 井为同一套油水系统特征。但新断层解释结果(图 3-25)表明 B40 井附近断层 F2,F9,F7 和 F27 断层均为搭接相交特征,且 F2 断层延伸至 F9 与 F27 断层内部。B40 断块与主体区被 F9 断层分隔,形成独立断块。同时,B40 井断块内部受 F2 断层切割,形成两个独立断块,因此 B42 井与 B40 井井间储层存在不连通风险,注采关系可能受影响,B42 井风险较大。由于 F2,F7,F9 和 F27 断层的组合形式组成 B42 井区的封闭断块单元,无井评价控制,建议根据该区单井经济控制储量要求进一步评估是否在该封闭断块内部部署生产井,以规避该井钻井风险。

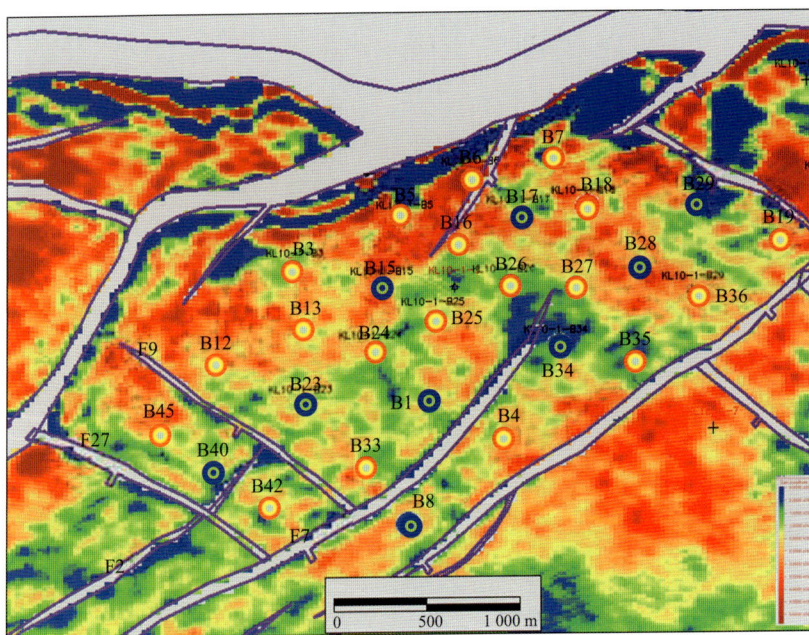

图 3-25　B42 井井位平面图

参考文献

边树涛,董艳蕾,苏晓军,等,2007.地震相干体技术识别低序级断层方法研究[J].世界地质,26(3):368-373.

黄捍东,李祺鑫,刘学通,等,2014.低序级断层地震波场特征[J].地球物理学进展,29(3):1298-1305.

金宝强,赵春明,张迎春,等,2011.海上复杂卫星断块油田开发实践与认识:以JZ油田东区为例[J].海洋石油(12):34-37.

李建雄,崔全章,魏小东,2011.地震属性在微断层解释中的应用[J].石油地球物理勘探,46(6):925-929.

凌东明,姚仙洲,田军,等,2019.地震振幅差异属性在低序级断层定向识别中的应用:以塔里木盆地轮南油田为例[J].断块油气田,26(1):33-36.

刘显太,李军,王军,等,2013.低序级断层识别与精细描述技术研究[J].特种油气藏,20(1):44-47.

刘洋,王典,刘财,等.,2011局部相关加权中值滤波技术及其在叠后随机噪声衰减中的应用[J].地球物理学报,54(2):358-367.

罗群,黄捍东,王保华,等,2007.低序级断层的成因类型特征与地质意义[J].油气地质与采收率,14(3):19-25.

聂妍,2019.潜山微小断层的表征方法[J].中国科技论文,14(1):28-32.

史军,2009.蚂蚁体追踪技术在低级序断层解释中的应用[J].石油天然气学报,31(2):257-258.

史刘秀,王静波,张如伟,等,2015.复值相干模量蚂蚁体技术[J].断块油气田,22(5):545-549.

孙英杰,2017.浅析低序级断层的识别与组合[J].中国石油化工:145-184.

田楠,范廷恩,董建华,等,2016.微小断层检测组合技术及应用[J].物探化探计算技术,38(1):83-88.

巫波,刘遥,荣元帅,等,2014.蚂蚁追踪技术在缝洞型油藏裂缝预测中的应用[J].断块油气田,21(4):453-457.

武加鹤,陆亚秋,刘颉,等,2018.四川盆地涪陵焦石坝地区五峰—龙马溪组低序级断层识别技术及应用效果[J].石油实验地质,40(1):51-57.

夏波,高荣锦,史海涛,2016.低序级断层识别技术在稠油难采区块研究中的应用[J].中国矿业,25(2):324-327.

杨培杰,穆星,张景涛,2010.方向性边界保持断层增强技术[J].地球物理学报,53(12):2992-2997.

杨志成,宋洪亮,郑华,等,2016.渤海Q油田沙河街组精细地质研究实践[J].重庆科技学院学报(自然科学版),18(4):62-65.

杨志成,张俊廷,朱志强,等,2018. 渤海中深层复杂断块油藏低序级断层的识别与应用——以 JX 油田为例[J]. 地球科学前沿,8(6):1024-1033.

余攀,彭兴和,曾维望,2018. 基于断裂似然体属性精细识别小断裂构造[J]. 煤炭与化工,41(12):59-66.

张美玲,包燚,张士奇,等,2011. 一种低序级断层识别技术及其应用[J]. 科学技术与工程,11(20):4750-4755.

张宗檩,2004. 济阳坳陷低级序断层组合样式及成因机制[J]. 石油大学学报(自然科学版),28(3):1-3+12.

赵俊省,孙赞东,2013. 一种改进的蚁群算法在断层自动追踪中的应用[J]. 科技导报,31(27):59-64.

HALE D,2013. Methods to compute fault images,extract fault surfaces,and estimate fault throws from 3D seismic images[J]. Geophysics,78(2):33-43.

NEVES F A,ZAHRANI M S,BREMKAMP S W,2004. Detection of potential fractures and small faults using seismic attributes[J]. The Leading Edge,23(9):903-906.

第四章
薄储层与隔夹层分布预测技术

储层与隔夹层分布预测对于薄层油田开发至为重要,其空间分布直接影响油田生产井见水规律研究、剩余油分布预测及井位优化设计等(张显文,2018;范廷恩,2018)。基于传统地震分辨率理论和思路,要分辨小于 1/4 波长的地质体是十分困难的。基于地震识别率等理论方法,考虑地震反射是地层岩性组合的综合响应,本章通过不同岩性组合的地震模型正演,分析薄砂岩、泥岩隔夹层厚度变化的砂层组地震反射特征与响应规律,提出岩性组合薄储层与隔夹层分布预测方法并进行实际应用分析。

第一节　岩性组合地震响应薄储层与隔夹层预测思路

1/4 波长是理论上地震记录沿垂直方向能够分辨的最薄地层厚度,而实际地震记录为地层岩性组合的综合响应。以渤海海域明化镇组河流相地层为例,多期河道相互叠置切割,储层薄且非均质性强,典型油田砂体厚度分布直方图如图 4-1 所示,开发单元砂体厚度多小于 10 m。而地层参数及地震分辨率统计(表 4-1)表明,地震资料分辨率普遍大于 10 m。考虑地震反射为砂层组的综合响应,明化镇组储层普遍具有典型的"泥包砂"的岩性组合特征(范廷恩,2013)。如图 4-2 所示,地层砂岩百分含量小于 30%,砂层组上下

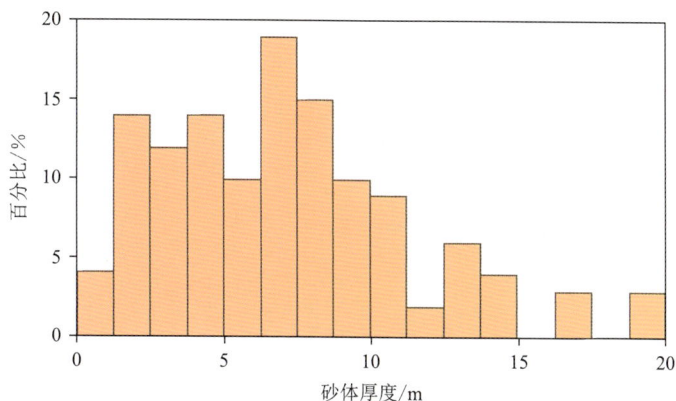

图 4-1　渤海海域明化镇组砂体厚度分布直方图

表 4-1　渤海海域明化镇组地层参数与地震分辨率统计

油　田	频带/Hz	主频/Hz	分辨率/m	砂层厚度/m	埋深/m	速度/(m·s⁻¹)
BZ28-2s	13~80	40	14	3.5	1 000~1 400	2 200
BZ34-1	10~80	55	10	3.3	1 000~1 400	2 150
QHD32-6	15~110	50	12	4.6	1 000~1 450	2 300
BZ26-3	5~85	34	16	5	1 000~1 400	2 200
KL3-2	5~94	40	15	5	1 000~1 500	2 400

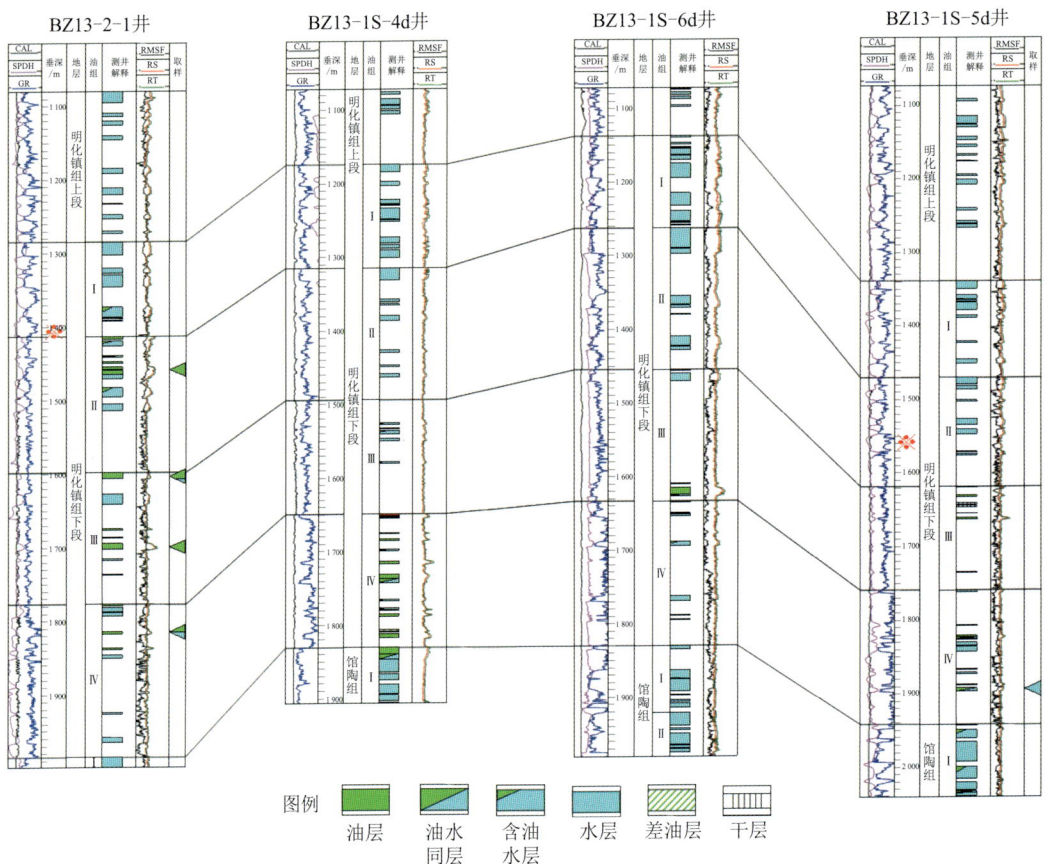

图 4-2　渤海海域明化镇组储层典型低砂地比"泥包砂"特征

都有较厚泥岩,且砂泥岩阻抗差异明显,界面具有较强的地震反射特征,这为薄砂岩预测提供了良好的地质条件。

隔夹层研究一直是油藏开发研究的重点内容之一,也是储层非均质性研究的难点。隔层是在一定压差范围内能阻止流体在层组之间相互渗流的非渗透性岩层,分布面积较大,一般位于两个单元层之间;夹层是单砂层之间或内部分布不稳定的不渗透或渗透性极低的薄层,分布较隔层不稳定,延伸短,多处于砂层内部,不能有效阻止或控制流体的运动,但在局部地区可影响油水的分布(郭长春等,2006;汪巍等,2019)。

以渤海馆陶组典型辫状河沉积储层为例,其形成于长期基准面旋回上升的早期,可容纳空间较小,陆源碎屑物质供给速率大于可容纳空间的增长速率,沉积物不断向湖盆方向推进,形成纵向上相互叠置、横向上连片分布的厚层辫状河道砂沉积。由于砂质辫状河河道快速频繁摆动,多个成因的砂体在垂向及侧向上相互切叠和迁移摆动,形成广泛分布的厚砂层,其内部存在多种类型夹层,呈现"砂包泥"特征(冯鑫等,2020)。如图4-3所示,地层砂岩百分含量大于50%,可通过研究砂层组地震响应特征变化实现局部泥岩隔夹层的分布预测。

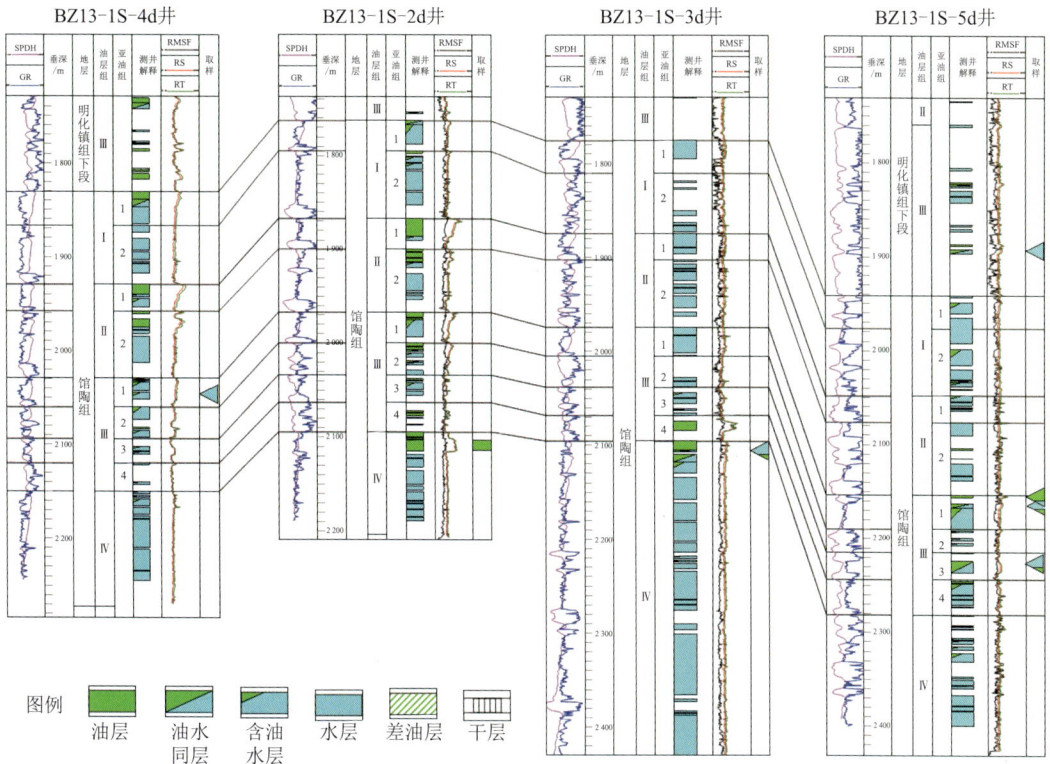

图 4-3　渤海海域馆陶组储层典型高砂地比"砂包泥"特征

针对上述地质条件的薄储层与隔夹层研究,以砂层组为研究对象,通过研究砂层组的地震振幅、频率、波形等属性的变化,解释分析砂层组内部的薄储层与隔夹层的分布预测,研究不同岩性组合模式的地震响应与敏感地震属性的映射关系,分析砂层组产生的地震反射属性变化,以挖掘地震资料薄储层与隔夹层的预测潜力。

第二节 岩性组合地震响应特征正演分析

一、岩性组合变化地震正演分析

为分析不同岩性组合地震响应特征,考虑不同砂岩、泥岩厚度及岩性组合变化,建立图 4-4 所示的 4 类储层结构模式(张显文,2018)。

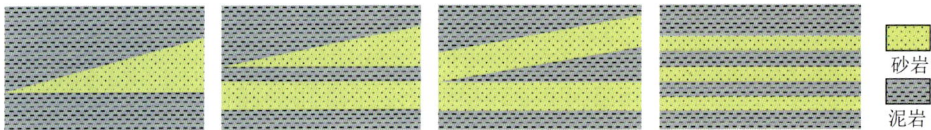

砂岩

泥岩

图 4-4 不同岩性组合储层结构模式

（1）砂体厚度变化模式。砂岩厚度 0～15 m。该模式代表单期河道砂体或多期叠置且无夹层的河道砂体从中部到边部的厚度变化特征。

（2）砂体叠置与砂体厚度变化模式。该模式中两期砂体叠置,中间发育夹层。其中,下部砂体厚度稳定,为 6～8 m;中间夹层厚度为 3～5 m;上部砂体厚度变化,为 0～10 m。

（3）砂体叠置与夹层厚度变化模式。与模式（2）相似,两期砂体叠置,中间发育夹层。其中,两套砂体厚度稳定,为 6～8 m;中间夹层厚度变化,为 0～8 m。模式（2）与模式（3）代表河道砂体叠置模式,基本涵盖不同砂体部位叠置、不同砂体厚度叠置以及夹层厚度变化等各类叠置模式。

（4）砂泥薄互层模式。多套薄层砂岩与泥岩相互叠置,砂岩、泥岩厚度为 2～4 m,代表多期砂体叠置模式中砂泥岩边部组合特征或溢岸沉积。

对不同岩性组合储层建立地震正演模型,如图 4-5 所示。模型中,黄色代表砂岩,速度为 2 450 m/s,密度为 2.1 g/cm³;灰色代表泥岩,速度为 2 650 m/s,密度为 2.25 g/cm³。

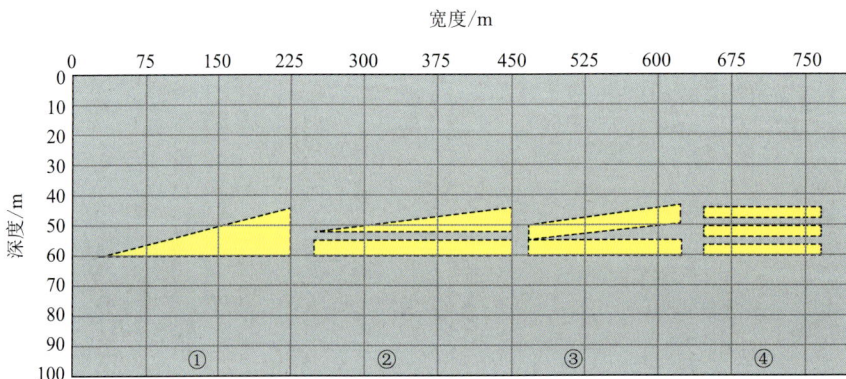

图 4-5 不同岩性组合储层地震正演模型

其中,模型①模拟砂体厚度变化模式,楔形体的厚度从左到右由 0 m 增加到 15 m;模型②模拟砂体叠置、上覆砂岩厚度变化模式,上覆砂岩厚度由 0 m 增加到 8 m,下覆砂岩厚度为 5 m,泥岩厚度为 3 m;模型③模拟砂体叠置与夹层厚度变化模式,砂岩厚度为 5 m,泥岩厚度由 0 m 增加到 5 m;模型④模拟砂泥薄互层模式,砂岩、泥岩厚度为 3 m。

基于雷克子波地震正演模拟分析,图 4-6(a)所示为基于褶积模型合成地震记录,图 4-6(b)所示为相对波阻抗反演剖面,砂岩为低阻特征(负值)。其中,时间采样率为 1 ms,道间距为 6.25 m。从图中正反演剖面响应可以看出,不同储层厚度、岩性组合影响地震响应的振幅、频率、波形等变化,因此有必要针对不同储层结构特征开展储层地震属性敏感性研究。

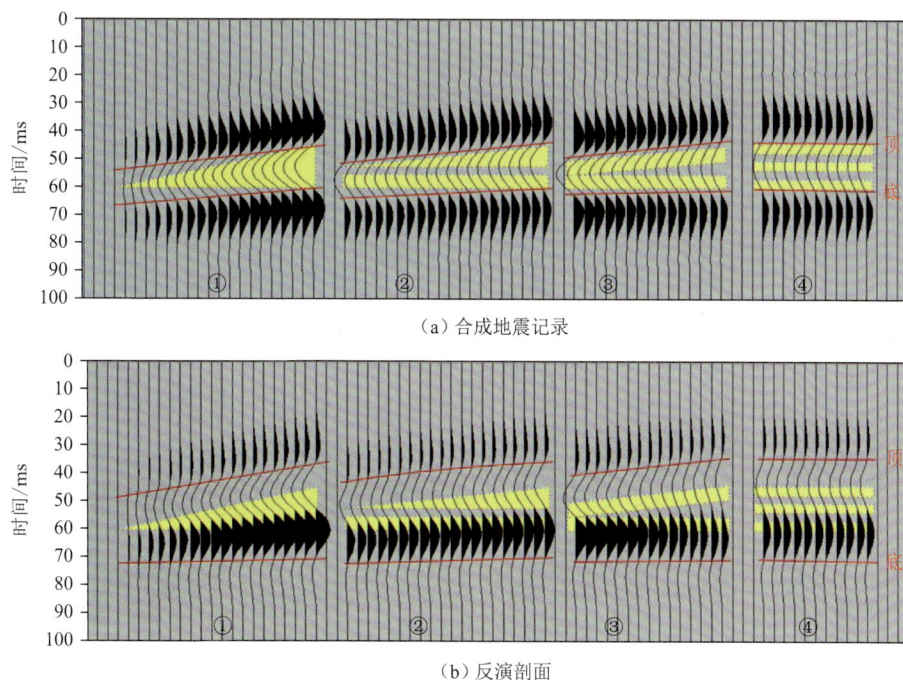

图 4-6　不同岩性组合储层地震响应分析

不同岩性组合储层振幅类归一化地震属性如图 4-7 所示。由图可知:

模型①,振幅随储层厚度增加而增大,当厚度达到 1/4 波长(即调谐厚度)时,振幅最大。

模型②,随上覆砂岩厚度的增加,储层表现为薄互层特征,均方根振幅、反演最小振幅逐渐减小,而反演总负振幅属性随整体砂地比的增加而增大。当上覆砂岩厚度较小时,储层表现为下河道特征,即上薄、下厚,此时储层顶界面波谷反射较弱,储层底界面波峰反射较强。随着上覆砂岩厚度的增加,波谷反射增强,波峰反射减弱。

模型③,随泥岩隔夹层的增加,振幅逐渐减小。

模型④,砂泥薄互层储层表现为弱振幅的反射特征。

不同岩性组合储层频率类和层序类归一化地震属性如图 4-8 所示。由图可知:

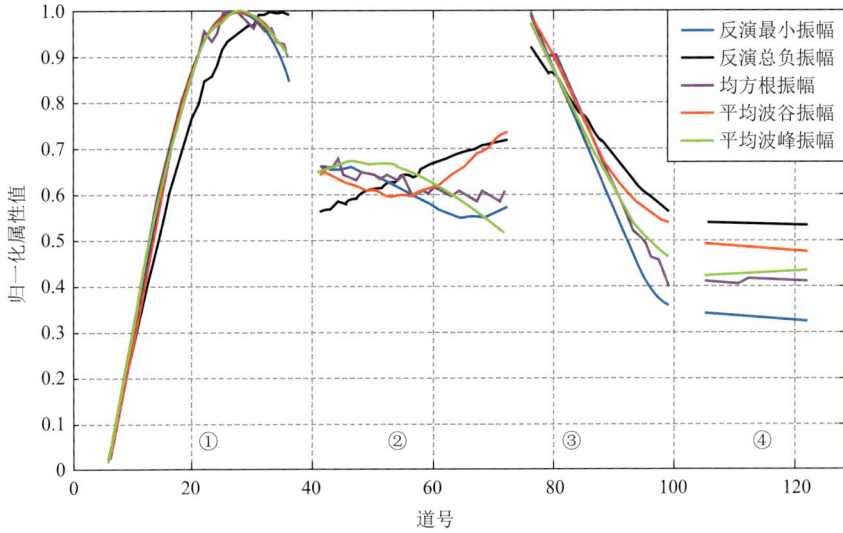

图 4-7 不同岩性组合储层振幅类归一化地震属性

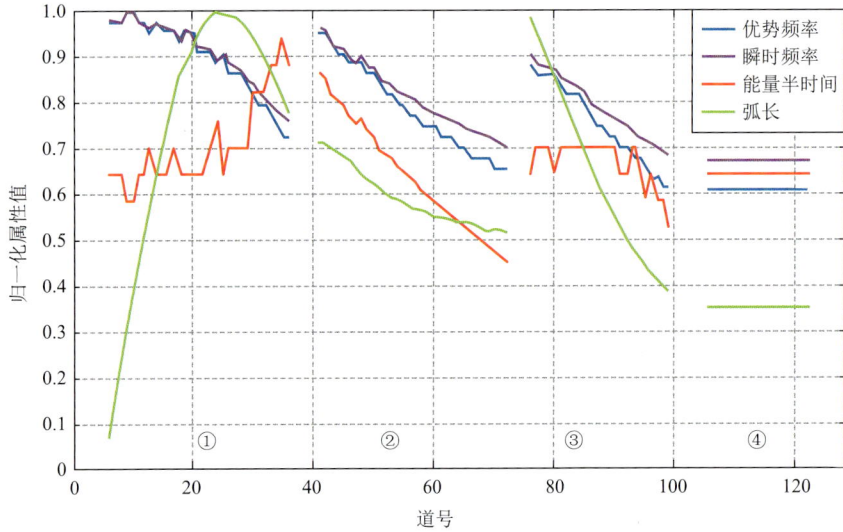

图 4-8 不同岩性组合储层频率类与层序类归一化地震属性

模型①，随砂体厚度增加，优势频率与瞬时频率减小，能量半时间增大。弧长属性是振幅和频率的综合响应，随砂体厚度增加而增大，当厚度达到 1/4 波长（即调谐厚度）时弧长最大。

模型②，随上覆砂岩厚度的增加，储层表现为薄互层特征，优势频率、瞬时频率、弧长减小。当上覆砂岩厚度较小时，储层表现为下河道特征，能量半时间最大。随上覆砂岩厚度增加，能量半时间减小。

模型③，随泥岩隔夹层的增加，优势频率、瞬时频率与弧长减小。

模型④，砂泥薄互层储层表现为低频、弱振幅的地震响应特征。

因此，利用振幅、频率、波形类地震属性能够刻画岩性组合地震响应变化。

二、泥岩隔夹层变化地震正演分析

为进一步分析薄泥岩隔夹层变化地震预测的可行性,建立薄泥岩隔夹层数量及位置变化的一系列正演模型。模型中,黄色代表砂岩,速度为 2 300 m/s,密度为 1.9 g/cm³;灰色代表泥岩,速度为 2 500 m/s,密度为 2.2 g/cm³。采用 40 Hz 雷克子波褶积正演模拟制作合成地震记录。

1. 相同砂地比条件下不同泥岩隔夹层数量变化地震响应特征

相同砂地比条件下不同泥岩隔夹层数量变化的地震响应特征分析如图 4-9 所示。其中,a 含 1 个 6 m 的泥岩隔夹层,b 含 2 个 3 m 的泥岩隔夹层,c 含 3 个 2 m 的泥岩隔夹层,d 含 4 个 1.5 m 的泥岩隔夹层,e 含 5 个 1.2 m 的泥岩隔夹层,砂地比为 66.7%。当泥岩隔夹层厚度为 6 m 时,两套砂体的顶和底能够很好分辨。随着隔夹层厚度减薄、数量增多,地震反射波形相互干涉,振幅减弱、频率减小,波形发生拉伸变化,因此可联合振幅、频率属性刻画隔夹层数量变化特征。

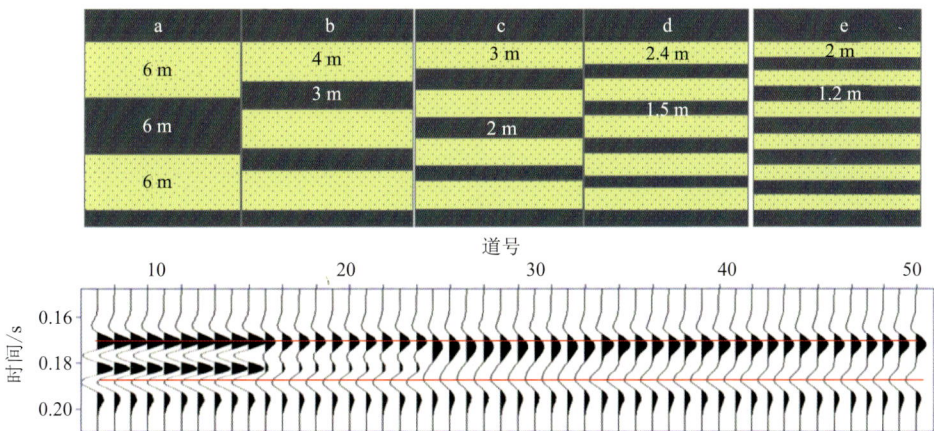

图 4-9　相同砂地比条件下不同泥岩隔夹层数量变化的地震响应特征分析

2. 不同泥岩隔夹层位置变化地震响应特征

对于泥岩隔夹层位置变化,设计图 4-10 所示的正演模型。其中,a 为 10 m 的砂岩,b 和 c 分别在厚砂岩不同位置中添加 2 m 的泥岩隔夹层。正演结果表明,2 m 隔夹层的发育使得地震反射的振幅减弱,此外隔夹层发育以及不同位置使得地震反射的波形存在差异。因此,利用地震波形属性分析波形结构特征、刻画泥岩隔夹层位置是可行的。

3. 薄泥岩隔夹层地震响应特征

为分析远小于地震分辨率的薄泥岩发育地震预测的可行性,建立图 4-11 所示的由 2 m 砂岩和 1 m 泥岩组成的砂层组正演模型。砂层组的顶和底能够分辨,但如果将此砂层组的每个砂层和泥岩隔层都分辨出来,需要 400 Hz 的地震子波,目前地面地震资料还难以达到这样的品质。

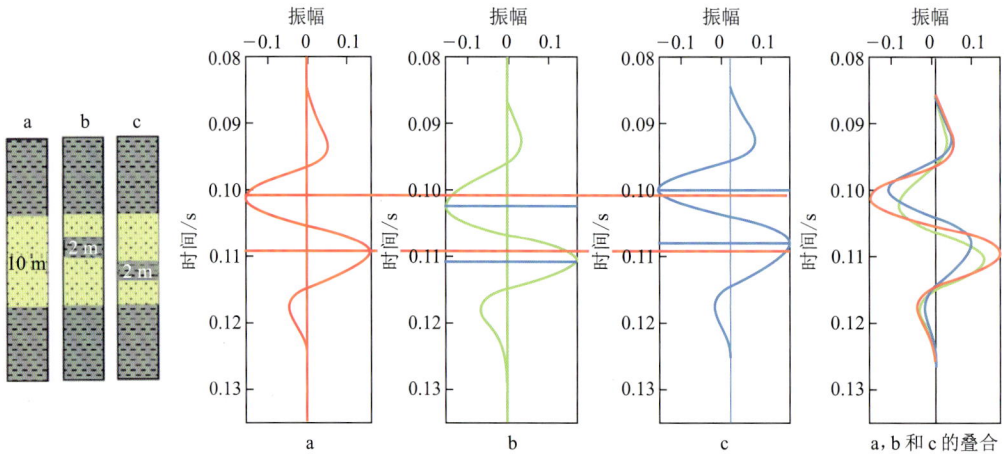

图 4-10　不同泥岩隔夹层位置变化地震波形差异

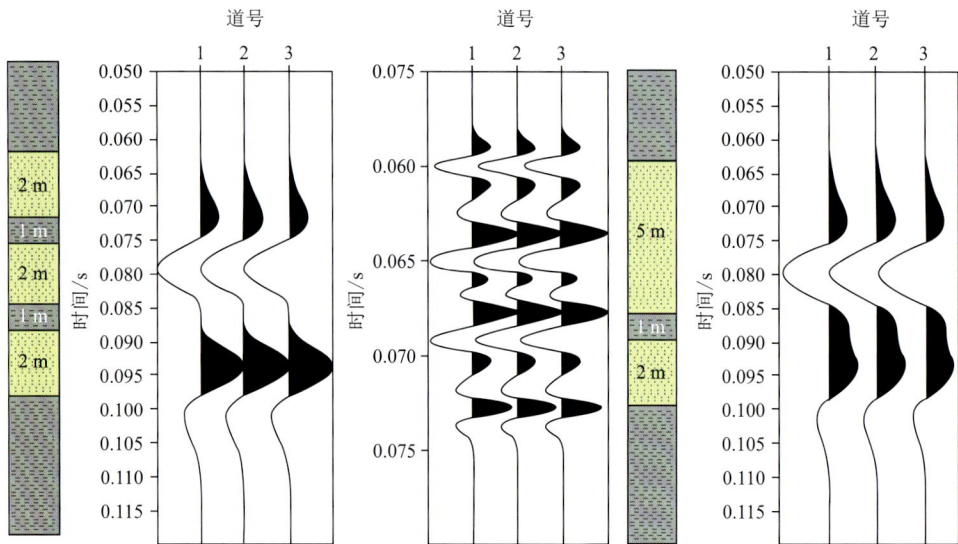

图 4-11　薄泥岩隔夹层地震响应特征

进一步将上部的泥岩隔层变成砂岩,正演分析表明:虽然砂层组的顶和底仍能分辨,但是其波形与图 4-11 中左侧模型的波形差异明显,而差异产生的根源仅仅是 1 m 泥岩隔层。因此,在一定的岩性组合背景下,基于地震识别率理论,综合地震属性预测或识别薄泥岩隔夹层是可行的。

第三节　岩性组合特征法标定

井震标定是连接地震与地质的桥梁,通过加强基于地层岩性组合的地震反射特征正演模拟及准确的砂体标定,可落实地震反射信息的地质含义。基于前文中不同岩性组合正演模拟的理论分析,以砂层组为研究对象,利用地震反射的振幅、频率、波形等属性特征能够刻画砂层组内薄砂岩及泥岩隔夹层的分布变化。对于实际数据,需结合井震标定分析薄层预测的可行性与预测方法。为此,提出岩性组合特征法标定与分析流程,具体如下:

(1)标定准备,包括地震数据的极性判别、典型井选取及地震反射标志层选取。其中,标志层应选取油田范围内分布稳定且连续的地震反射同相轴,尤其是选取大套稳定分布的泥岩与砂层组的地震反射。

(2)单井标定,包括地震子波选取、合成地震记录标定。标定过程中,首先进行地震反射标志层标定,根据合成地震记录地震剖面上典型标志层的响应特征,对合成地震记录进行整体移动、局部拉伸或压缩,完成典型标志层标定。进一步优化地震子波,重新制作合成地震记录,通过局部拉伸或压缩的微调完成砂层组等岩性组合的标定,再进行小层、单砂体等的标定。

(3)连井标定。通过连井剖面对比分析各井地层、油组、砂层组、小层、单砂体的地震响应一致,尤其是分析砂层组的地震响应变化。

通过井震标定砂层组等岩性组合的地震响应特征,分析不同井上薄砂岩与泥岩隔夹层的地震属性差异,为薄储层及隔夹层分布预测的可行性与预测方法提供技术支持。

第四节　薄储层与隔夹层预测

在不同岩性组合模型正演地震响应规律分析基础上,针对如典型曲流河"低砂地比"地质条件的薄储层预测以及典型辫状河"高砂地比"地质条件的薄泥岩隔夹层识别,以砂层组等岩性组合地震响应分析为核心,结合实际油田应用,建立如下薄储层与隔夹层预测方法。

(1)井钻遇的砂岩、隔夹层参数统计。统计分析每个开发单元井钻遇的砂岩、隔夹层厚度及砂地比参数,用直方图统计砂岩和隔夹层厚度分布范围及平均厚度。

(2)井震标定砂层组地震响应规律分析。利用井震标定分析不同岩性组合的砂层组地震响应特征,研究不同厚度及岩性组合的薄储层与隔夹层的地震响应规律,分析预测与识别薄储层、隔夹层的可行性。

(3)敏感属性优选。通过岩石物理分析确定砂岩、泥岩速度和密度参数,基于储层沉积模式及连井对比,建立不同岩性组合的地震正演模型,分析薄储层、隔夹层敏感地震属性。

(4)地震属性薄储层、隔夹层预测。基于井震标定薄储层与隔夹层地震响应规律,沿层提取目标砂层组的敏感地震属性,分析属性平面特征变化,结合井钻遇参数,采用多属性分析、聚类等技术方法实现薄储层与隔夹层预测。

在实际应用中,薄储层与隔夹层预测取决于储层地质条件与地震资料基础。对于油田开发而言,即使不能实现二者的厚度预测,实现薄储层与隔夹层发育范围的识别同样具有重要意义。

第五节 应用实例

油田实际开发过程中,薄的泥岩隔夹层的识别与刻画对油田开发方案实施具有重要意义。下面以 L 油田为例,该油田为典型辫状河沉积储层,目的层段油层厚度在 30 m 左右,3 口井钻遇泥岩厚度分别为 2.6 m,6 m 和 0.5 m,隔夹层的分布预测直接影响油田开发层系与井位部署。典型连井剖面如图 4-12 所示。该套隔夹层厚度远小于 $\lambda/4$ 的分辨率极限,地震资料难以准确刻画其厚度,但基于地震识别率理论及"砂包泥"的岩性组合特征,泥岩夹层厚度变化在地震响应中存在差异,如图 4-13 典型连井地震剖面所示,可通过研究砂层组反射的地震属性变化刻画隔夹层分布。因此,提取最大波谷振幅、弧长、60~80 Hz 叠合振幅属性,结合井点钻遇泥岩夹层,多属性分析预测泥岩夹层平面分布,如图 4-14 所示。夹层分布预测结果得到了实钻井的证实。

C 油田为实际在产油田,泥岩隔夹层的识别与刻画对生产措施调整具有重要意义。该油田共有 7 口评价井,其中 6 口井揭示花港组 H3b 和 H3c 储层之间存在一套厚度小于 4 m 的泥岩隔夹层。H3 储层为底水油藏,生产过程中部分水平生产井见水过快,综合分

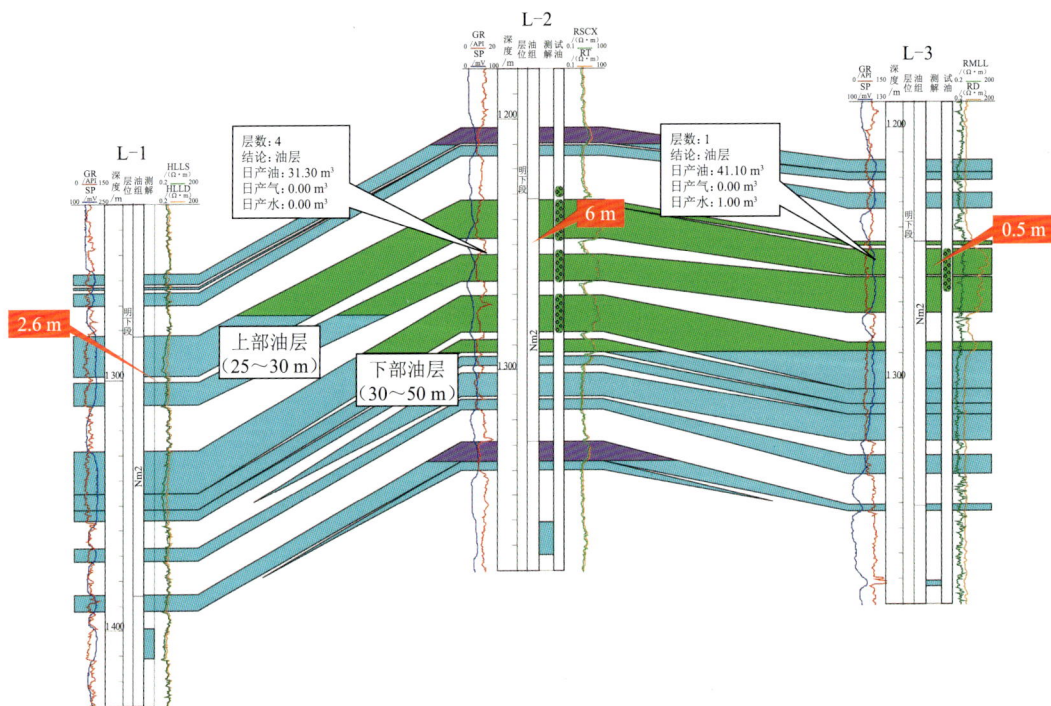

图 4-12 典型连井剖面图

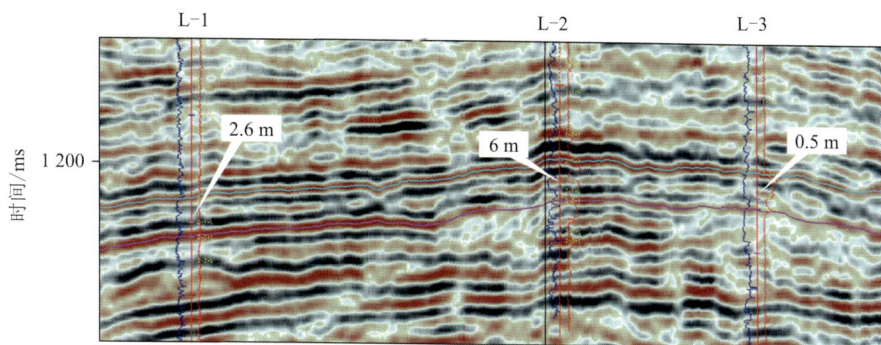

图 4-13　典型连井地震剖面图

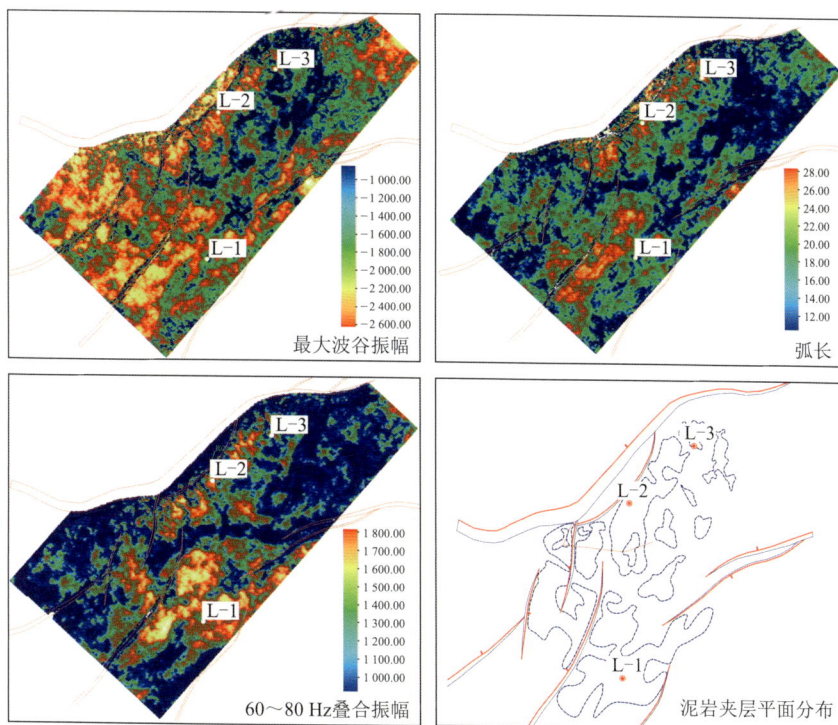

图 4-14　地震属性分析与泥岩夹层平面分布预测

析认为原因是 H3b 和 H3c 之间的隔夹层为"天窗式"隔夹层,局部不发育,使得底水沿"天窗"纵向驱动。能否准确刻画该套隔夹层的空间分布范围直接影响后续生产井的调整措施以及调整井井位部署。

由于该套隔夹层厚度远小于 λ/4 分辨率极限,地震资料难以准确刻画其厚度(图 4-15)。但是通过叠前地震反演技术,基本可分辨 H3b 和 H3c 砂层组厚度。为此,通过可分辨的砂层组特征推断不可分辨的泥岩隔夹层展布特征。在连井地震反演剖面上,该套隔夹层响应较为明显(图 4-16,白-绿色代表隔夹层较发育,黄-红色代表砂体较为发育)。尽管其厚度不能精确刻画,但在反演剖面及地震属性(图 4-17,红-黄-绿代表隔夹层发育,白色代表隔夹层不发育)上可见其在井间断续分布,局部不发育,且厚度可定性认识。

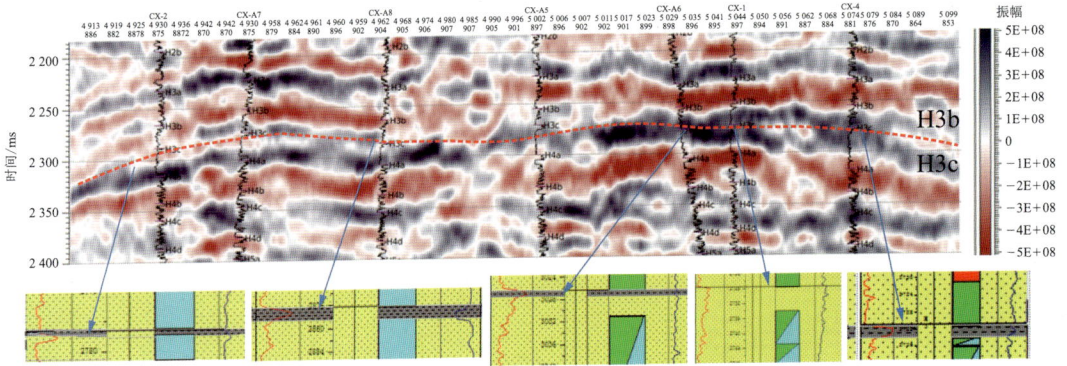

图 4-15　H3 储层段地震剖面及隔夹层剖面对比图

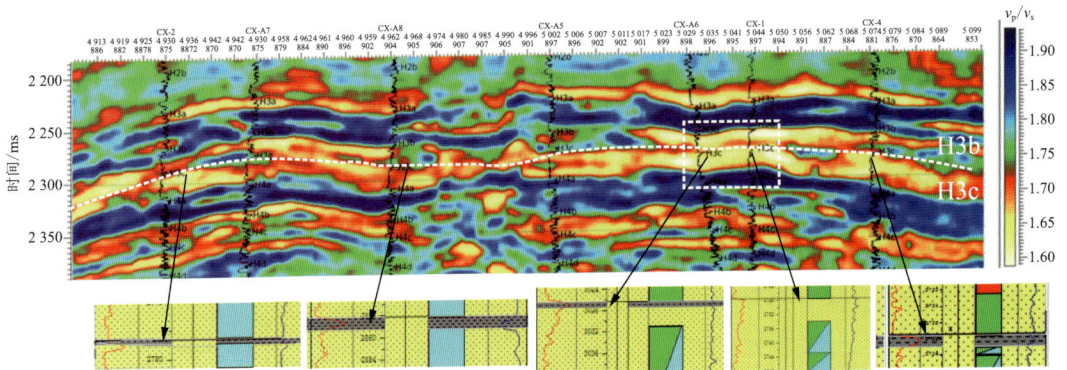

图 4-16　H3 储层段地震反演剖面及隔夹层剖面对比图

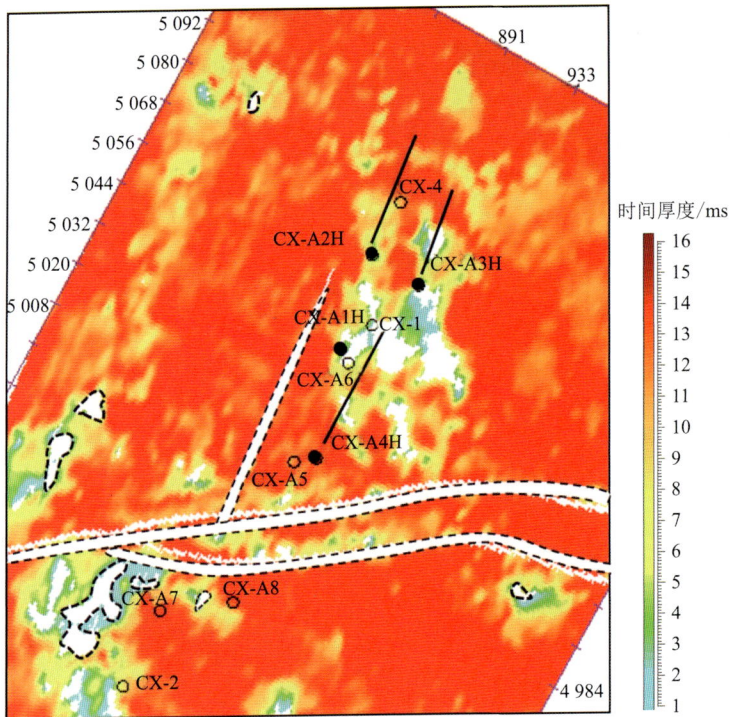

图 4-17　H3c 顶部隔夹层平面分布

　　CX-A1H 井处在"天窗"范围内,底水沿天窗向上驱动,导致该井含水率高。CX-A2H 井虽未经过"天窗"范围,但经过了隔夹层很薄的区域,部分底水突进。CX-A3H 井和 CX-A4H 井面临同样问题,根据上述认识,建议 CX-A4H 井和 CX-A3H 井下泵提液。

参考文献

范廷恩,等,2013. 中国海上油气地质地球物理开发技术研究[M]. 成都:四川科学技术出版社.

范廷恩,王海峰,胡光义,等,2018. 海上油田复合砂体构型解剖方法及其应用[J]. 中国海上油气,30(4):102-112.

冯鑫,孟鹏,郭敬民,等,2020. 海上油田稀疏井网辫状河薄泥砾隔夹层预测方法[J]. 中国海上油气,32(2):95-102.

郭长春,李阳,2006. 河流相储层中夹层的发育规律及预测[J]. 石油天然气学报:江汉石油学院学报,28(4):200-203.

汪巍,李博,孙恩慧,等,2019. 砂质辫状河夹层分布及对水平井开发的影响——以渤海海域 X 油田为例[J]. 石油化工应用,38(3):96-100.

张显文,胡光义,范廷恩,等,2018. 河流相储层结构地震响应分析与预测[J]. 中国海上油气,30(1):110-117.

第五章

切片演绎地震相分析技术

切片演绎地震相分析技术是储层地震沉积学研究的关键技术之一(Zeng et al.,1998a,1998b,2004;范廷恩等,2012a;朱筱敏等,2017)。具体技术思路是:在测井沉积旋回特征分析的基础上,通过井震标定和精细地震等时地层格架搭建,建立测井沉积旋回与地震响应特征之间的关系,利用等时切片进行地震相研究,分析地质体的空间分布和沉积演化过程,进而实现储层成因单元精细划分和分布预测。

第一节 测井沉积旋回特征分析

沉积旋回是在地层剖面上,若干相似的岩石(通常主要表现在岩石的颜色、岩性、结构、构造等方面)在垂向上有规律重复发育的现象(国景星等,2010)。沉积的旋回特征是提高地层对比和储层预测准确性的重要地质依据。实际工作中,由于资料有限且取心较少,需要在岩心、测井资料的基础上,通过常规测井曲线形态及垂向序列变化关系的研究,区分各种类型的岩性,进行沉积旋回特征分析及沉积韵律的划分。测井沉积旋回特征分析首先要初步了解储层在研究区内的展布特征,以便划分对比区,掌握分区对比标志,统一对比方法,做到点、线、面结合;其次要在纵向上按旋回级次由大到小逐级对比,即"旋回对比,分级控制"(邓宏文等,2002;刘波,2002;陈景山等,2007)。

一、单井沉积旋回特征分析

单井沉积旋回特征分析以岩心资料为基础。以测井曲线形态特征为依据,充分考虑层间接触关系,结合沉积相在垂向上的演变规律,在区域地层划分和含油层系划分的基础上将目的层段划分为不同稳定分布范围的旋回性沉积单元。实际工作中,首先选用岩心资料齐全的井或井段,应用各种定相标志以及岩性在垂向上的组合类型和层间接触关系,细分出单井各层段的沉积(微)相,确定目的层段沉积相在垂向上的演变规律,划分出正旋回、反旋回、复合旋回等级次。其次,选择代表性测井曲线,分析岩电关系,建立岩性、沉积旋回和岩性标志层与典型测井曲线的响应关系,为应用测井资料划分沉积旋回和对比提供依据。最后,在测井曲线上识别和划分各级沉积旋回和测井相。一般是根据曲线形态特征反映的岩性组合特征划分不同级次的沉积旋回(表5-1),分析单井测井沉积旋回特征。油气田勘探阶段沉积旋回研究的级别主要为1~2级,油气田开发阶段沉积旋回研究的级别主要为4~5级(贾振远等,1997;郑荣才等,2001,2004;陈景山等,2007)。

表 5-1　沉积旋回级次对照表(吴胜和等,2013)

沉积旋回级次	层序单元及储层构型层次	地层单元	油层单元
一　级	层序(盆地充填体)	系	含油层系
二　级	准层序组(体系域)	组	油层组
三　级	准层序(如复合河道带)	段	砂层组
四　级	层组(如单一河道带)	砂层组	单砂层/小层
五　级	亚层组(如复合点坝)	小　层	
六　级	成因砂体(如点坝)	单砂体	
七　级	成因单元(如侧积体)	韵律层	
八　级	纹层组系	—	—
九　级	纹层组(交错层理)	—	—
十　级	纹　层	—	—

二、连井沉积旋回对比分析

在单井沉积旋回特征分析的基础上,通过选取连井标准剖面和骨架网确定标准层,进行在标准层控制下的旋回和厚度对比,优化调整各井旋回划分。这是一个多次迭代的过程,直到实现整个研究区各级旋回的统一合理划分和等时对比。连井沉积旋回对比分析的原则是以古生物和岩性特征为基础,在对比标志层控制下,以沉积旋回为重要依据,运用测井曲线形态及其组合特征逐级进行对比,通过各级沉积旋回岩性和厚度在平面上的变化,落实不同地区各沉积旋回之间的关系。

(1)建立连井标准剖面和骨架网。一个油田往往跨越不同沉积相带,因此应根据不同沉积类型分区建立标准剖面。标准剖面应选在适当位置,且录井、分析化验、测井资料比较齐全,地层层序完整。这些标准剖面应均匀分布于油田各区块,构成储层层组划分和对比的骨架网。通过骨架网的反复对比,合理调整层组界线,统一层组划分,就可作为控制全油田对比的标准。

(2)确定标准层。标准层是标志明显、分布稳定的时间地层单元。沉积旋回对比的准确性在很大程度上取决于该旋回是否有一定数量标志明显且分布稳定的标准层。选取标准层时,应选择岩性稳定、特征突出、分布广泛、测井曲线形态特征易于辨认的层段或上下区别明显的层面。常用的标准层有化石层、油页岩、碳质页岩、石灰岩、白云岩、纯泥岩等特殊岩层。在沉积旋回分界线附近和不同岩相段分界线附近也可选取对比标准层,局部地区分布的辅助标准层也应识别并应用。

(3)在标准层控制下的旋回和厚度对比。在对比标准层或辅助标准层的控制下,依据岩性组合、测井曲线形态特征以及油层组厚度在平面上的变化规律,在二级沉积旋回内部对比砂层组的界线。在砂层组界线的控制下,依据三级沉积旋回的性质、岩性组合特征、测井曲线形态及厚度变化规律对比砂岩组的界线。在砂岩组界线的控制下,依据四级旋回对比划分小层界线。按照沉积旋回的不同成因,分别采用不同的具体对比方法。对于分布较稳定的湖相沉积储层,可按照岩性和厚度在平面上具有渐变的特征,采用相邻井同一小层的旋回性和岩性相近、曲线形态相似、厚度大致相等的对比方法划分小层的界线。若个别井点小层的旋回性不明显,则应按照各小层在砂岩组内的厚度比例确定小层界线。如河流作用为主的储层,岩性和厚度在侧向上具有突变性,应依据河流沉积旋回具有起伏冲刷底界的沉积特征,按照同一小层旋回顶界大致水平的原则,采用不等厚对比方法划分小层界线。

第二节 沉积旋回地震响应特征分析

在测井沉积旋回特征分析的基础上,通过井震精细标定可以建立不同沉积旋回、岩性组合和地层界面的地震响应特征,以指导地震等时地层格架的搭建、地层划分和对比研究,为储层地震切片和地震相分析奠定基础。

一、井震精细标定

井震标定是连接地震、地质、测井工作的桥梁。需要综合应用地震和测井资料,通过合成地震记录建立地震反射特征与测井响应之间的对应关系,以确定地震可识别的最小沉积单元,并指导地震地质综合解释。井震标定一般包括岩石物理特征分析、测井数据校正、地震资料品质评价、地震响应特征分析、地震子波估算、合成记录制作、时深关系校正等诸多关键环节。

通过对以往井震联合标定方法的分析,并结合实际工作经验,笔者总结了一套特征法井震精细标定技术思路和流程(图5-1)。井震标定工作通常是一个不断优化的循环过程,需要从区域典型井入手,在典型单井井震特征精细标定的基础上,通过非典型井合成地震记录标定和连井井震标定对比不断调整优化,最终达到各井井震特征标定的一致性。

井震精细标定主要流程包括以下4个方面:

(1)根据区域地质规律、测井和地震响应特征,确立典型沉积旋回和标志层及其井震响应特征。

(2)选择资料较齐全、地质条件相对简单、地震响应特征较明显的典型井,制作合成记录,并利用沉积旋回和标志层地震反射波阻特征进行精细井震标定,然后将标定的时深关系应用于其他非典型井,作为初始时深关系并完成所有单井井震标定。

(3)通过连井剖面对比,优化各井标定结果,确保井间特征标定的一致性。

(4)根据区域地层速度空间变化规律认识,进一步提高质控精度,优化井震标定结果。

在井震标定过程中,应注意标定方法的正确性和标定步骤的规范性,更要根据标定对象的地质特征和地震资料品质进行综合标定。在追求合成地震记录与井旁地震道一致性的同时,应尊重两者的差异和地质地球物理基本规律。

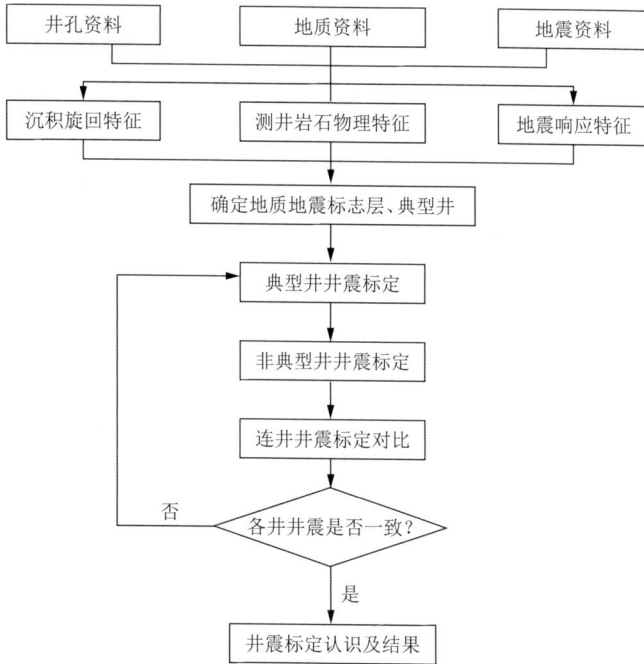

图 5-1　井震精细标定流程图

二、地震响应特征分析

为满足地震等时地层格架搭建、地层划分和对比以及储层沉积分布预测的需要,应进一步分析各级次沉积旋回/层序的界面及内部不同岩性组合的地震波组、振幅、频率、相位等的变化特征,并确定地震可识别的最小沉积单元。

1. 不同级次沉积旋回/层序界面的地震响应特征分析

不同级次沉积旋回/层序界面的地震响应特征分析是地震等时地层格架搭建的基础,需要从测井地质分层和井震标定认识出发,根据过井或连井剖面分析其地震反射强度、横向连续性,以及其与上、下地层反射的接触关系(削截、顶超、底超、平行)。沉积旋回/层序的界面地震响应特征分析一般按长期旋回—中期旋回—沉积体—砂层组进行。选取不同级别的标志层,即水进界面。其中,最大水进界面为在长期旋回内规模最大的水进,在地震上容易追踪对比。次一级水进界面为在一个长期旋回内除最大水进界面以外、在地震上较容易识别追踪、在一定范围内可以作为盖层控制油气分布的界面。局部水进界面为在地震上不易大范围追踪对比、只能局部追踪、仅在局部地区可作为盖层控制油气分布的界面（对于局部刻画单砂体具有非常重要意义）。

如渤海某油田（图 5-2），依据地震反射特征和测井响应特征、岩性组合特征、沉积旋回特征，利用近似等厚和旋回对比原则进一步对小层进行划分。明化镇组及馆陶组的分界面即馆陶组顶面，同相轴为强振幅、连续反射特征。馆陶组内部各同相轴为中强振幅、较连续反射特征。馆陶组和东营组的分界面即馆陶组底面，同相轴连续性较强，为强振幅反射特征。东营组砂体相对发育，测井曲线以钟形为主，以整体复合韵律为主，局部可见反韵律，反映了三角洲的沉积特征。馆陶组砂体最为发育，测井曲线以箱形为主，正韵律发育，反映了辫状河的沉积特征。明化镇组砂泥互层，测井曲线以钟形为主，正韵律发育，反映了曲流河的沉积特征。

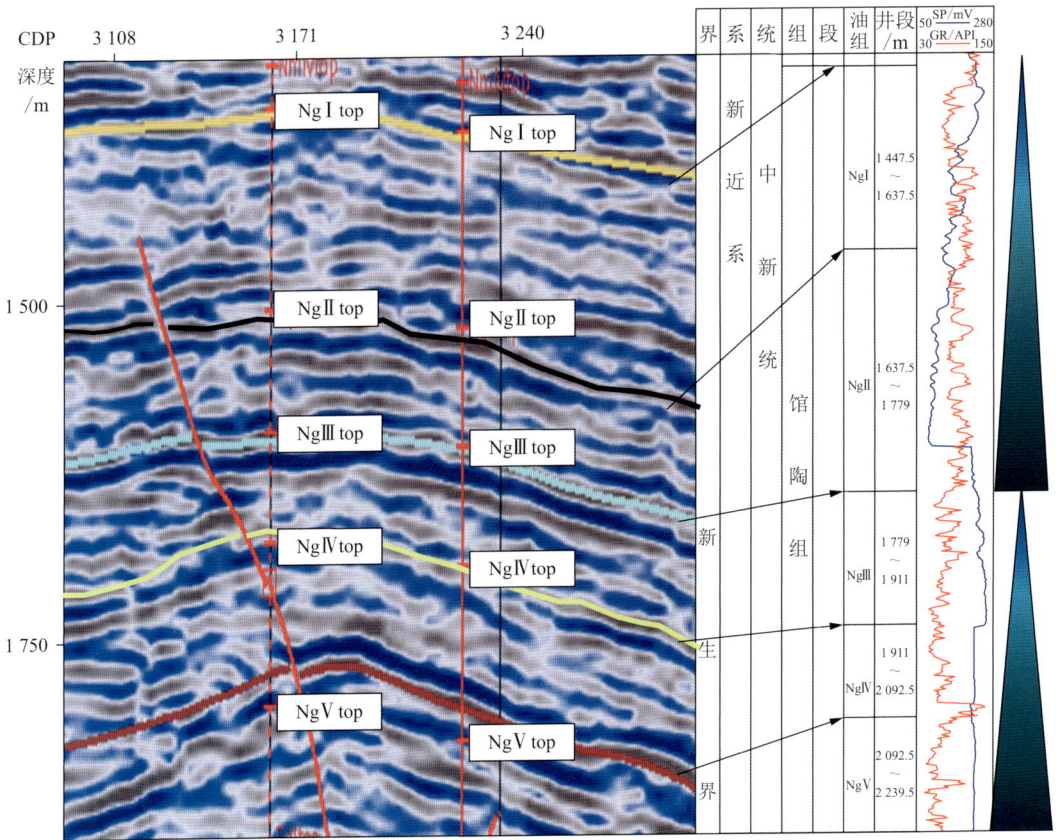

图 5-2　不同级次沉积旋回/层序界面的地震响应特征

2. 不同级次沉积旋回/层序内部的地震响应特征分析

不同级次沉积旋回/层序内部的地震响应特征（如外部形态、内部结构、顶底接触关系、动力学与运动学标志）能有效反映地下地层产状和沉积相，是划分不同的沉积类型和地层层序的重要依据。

典型的沉积旋回/层序内部的地震响应特征主要可从外部形态特征、内部结构特征、顶底接触关系特征和动力学与运动学标志几方面考虑。

1）外部形态特征

外部形态特征直接反映了沉积体的外形，因而可据其解释沉积体。同一沉积体不同方向具有不同的外形。

（1）席状。薄、广、顶底平行、平直，也可称板状，如图 5-3（a）所示。

（2）席状披盖。顶、底面呈波状，中间稍薄，其他同席状，如图 5-3（a）所示。

以上两种形态最常见，很多湖泊、冲积平原均具有此形态特征，反映大范围近等速加积的特点。

（3）楔状。盆地边缘差异升降造成的沉积体外形。扇的倾向剖面可向盆地边缘减薄（古隆起的缓坡），也可向盆地边缘加厚（前陆或断陷陡坡、断崖），如图 5-3（a）所示。

（4）滩状。向某一个方向快速减薄尖灭的席状称滩状，如图 5-3（a）所示。

（5）透镜状。透镜状多指双凸形透镜状。河道、三角洲、含气或高孔隙礁易形成此形态。前两者是由于早期下蚀、后期堆积和差异压实而形成；后者则是低速眼球效应的结果，如图 5-3（a）所示。

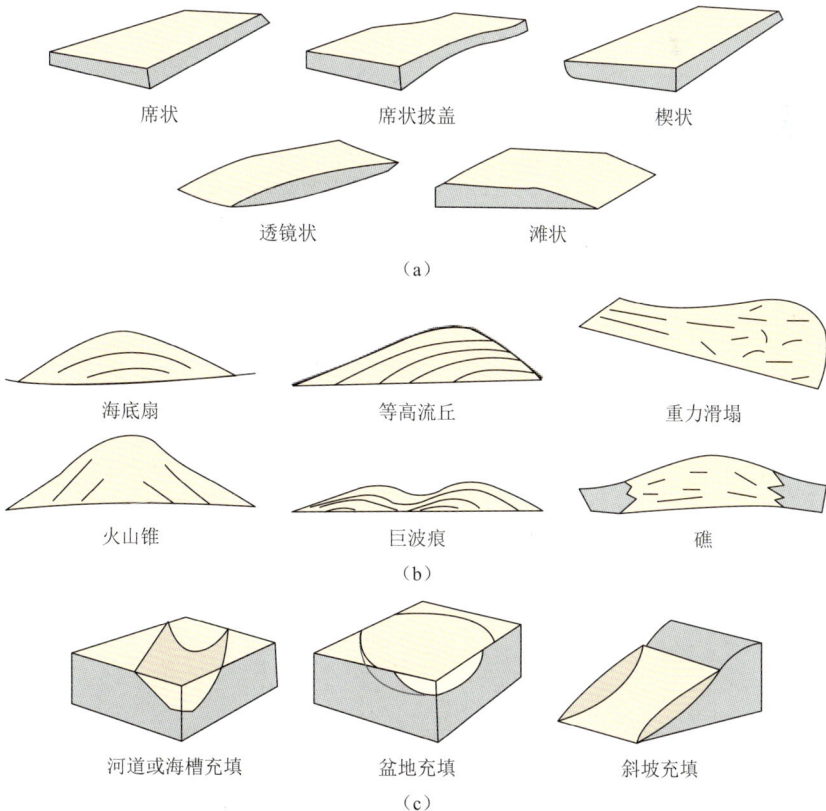

图 5-3　地震相单元外形（Mitchum，1975）

（6）丘形。常见于扇三角洲的横切面、底平上凸，侧积下超。不规则滑塌体、扇体等多具丘形，各种礁可具丘形，如图 5-3（b）所示。

（7）充填形。包括河谷充填、盆地充填（陆相）和海相的斜坡状充填，如图 5-3（c）所示。

2）内部结构特征

内部结构特征指沉积体内部地震反射延伸状况和彼此关系。内部结构特征类似野外露头的层理，但规模要比后者大得多。

（1）平行和亚平行结构。平行和亚平行结构又可分平坦的和波状的，多见于席状、席状披盖和充填单元，如图 5-4 所示。可根据振幅、连续性或周期宽度进一步划分这种简单的反射结构。该类型一般代表陆棚或平原地区的均速沉积作用。

（2）发散结构。发散结构对应于楔型单元，如图 5-4 所示。大多数横向加厚是由于频变造成的，少数则是由于加厚带侧向非系统性终止造成的。某些终止现象可能是由于地层逐渐减薄到低于分辨率而造成的。发散结构的地质意义是沉积速度的横向变化和古沉积表面的倾斜。

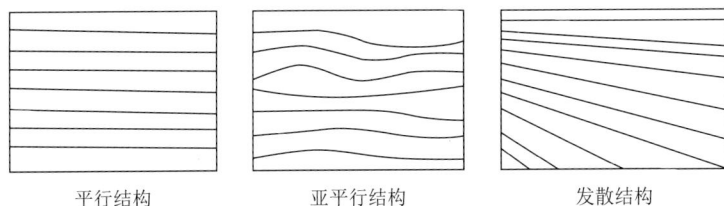

| 平行结构 | 亚平行结构 | 发散结构 |

图 5-4　地震相内部结构特征

（3）前积反射结构（图 5-5）。前积反射结构是携带沉积物水流将沉积物依次向前堆积形成的一种反射结构。前积反射结构按结构可分为：

① S 型前积反射结构。S 型前积反射结构具透镜状外形，薄的上段（顶积层）、下段（底积层）和厚的中段（前积层）。前积倾角通常小于 1°，反映能量较低。

② 斜交前积。斜交前积无顶积层和底积层，倾角可高达 10°。斜交前积又可分为：

a. 切线斜交，前积体顶界斜交顶超，底界切线收敛下超，本身形成上凹的地层，整体为楔形。

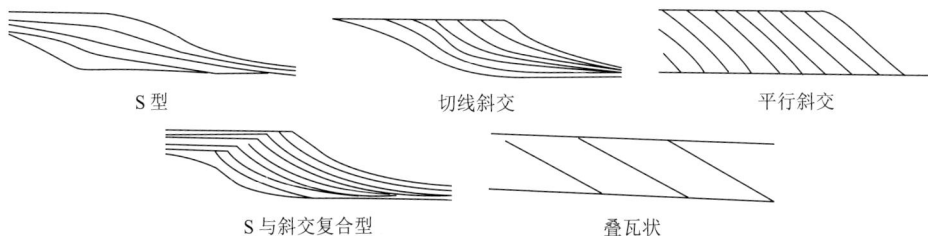

| S 型 | 切线斜交 | 平行斜交 |
| S 与斜交复合型 | 叠瓦状 | |

图 5-5　前积反射结构特征

b. 平行斜交,即板状前积,向下游可渐变为低角度斜交前积。斜交总体反映了充分的沉积物供应,较小或不变的可容空间。

c. S 与斜交复合型,水平的 S 型顶积层反射与具顶超终止的斜交结构段的复合交替。段顶超指示了许多小规模的沉积层序,一般解释为前积沉积单元的独立朵叶。

d. 叠瓦状前积反射结构,特点为薄、首尾相接、顶底平行、内部斜交层也平行且角度缓。多见于低能平坦环境,如远源浊积。

（4）乱岗状斜波反射结构。不规则、不连续、亚平行,无系统的反射终止和分裂。前三角洲、三角洲间,干旱扇中形成的指状交互的分散朵叶地层。

（5）杂乱。不连续、不平行、无次序排列。准同生滑塌、高角度断裂褶皱或扭曲的地层、切割充填的河道综合体等。

（6）无反射（空白）。均质的、非层状、高度扭曲的,或者倾角很陡的地质单位的反射。例如,大型火成岩体、盐体、厚的地震上可认为均质的页岩或砂岩的反射。

3）顶底接触关系特征

顶底接触关系特征包括:上超可反映沉积边界;退积可反映水进;下超可指示古流向;同心上超反映古隆起;顶超反映沉积过路面等。

平面上将多种接触关系组合,还可判断相带的展布。

4）动力学与运动学标志

动力学与运动学标志主要包括振幅、频率、波形、连续性及层速度等。

（1）振幅。振幅是振动离开平衡点的幅度,有正有负,通常取波峰-波谷最大振幅或均方根振幅以消除负值影响。相面法取强、中、弱三级振幅,一般把背景振幅称中振幅。振幅大小一般反映了薄层厚度变化和岩性（波阻抗）的变化。常用振幅异常的平面形态、延伸、规模、组合等可确定沉积相类型,振幅大小确定砂厚与尖灭等。

（2）频率。频率与相邻同相轴之间的间距（周期）成反比。低速、均一或含气地层一般频率较低。地震剖面上根据同相轴疏密程度判断的频率为视频率。频率一般可分强、中、弱三级,中频指背景频率。

（3）波形。波形可指多个同相轴的排列形态,也可指一个同相轴的形态变化（对称、尖、向上或下的拉长）。前者主要反映前述的结构性标志,后者则与垂向岩性界面的渐变及突变有关。

（4）连续性。连续性指同相轴延续的长短或稳定程度。它直接与地层或岩性本身的连续性和稳定性有关。根据具体情况,可将连续性分为好、中等、差。

（5）层速度。不同岩性、孔隙度对应于不同的速度。用层速度可研究砂比、孔隙度等。

第三节　地震切片演绎地震相分析

地震切片技术是三维地震资料解释的一种有效手段,尤其是在油气田开发阶段,地震切片技术的应用更为广泛。目前常用的地震切片技术有水平切片、沿层切片和地层切片。水平切片是沿某一地震旅行时间从地震数据体中提取的切片,在构造解释及断层平面组合等方面发挥着重要作用。但当沉积地层起伏变化时,水平切片是不等时的,不能准确地描述储层内部的结构特征,如图 5-6(a)所示。沿层切片是沿着已解释的地震层位漂移一定时窗提取的切片。运用沿层切片技术不仅可以刻画地层的沉积现象,而且可对古地貌、古海岸线的变迁进行有效的恢复,但是沿层切片也存在不等时的现象,如图 5-6(b)和(c)所示。地层切片是在地层顶、底界面间按照厚度比例线性内插一系列的层面而逐一生成的地震切片,如图 5-6(d)所示。地层切片在一定程度上能够解决很多储层描述的问题,但当储层顶、底界面不能很好地控制储层内部地层产状的变化时,地层切片也存在不等时的现象,难以准确描述储层内部的结构特征(董建华等,2010)。

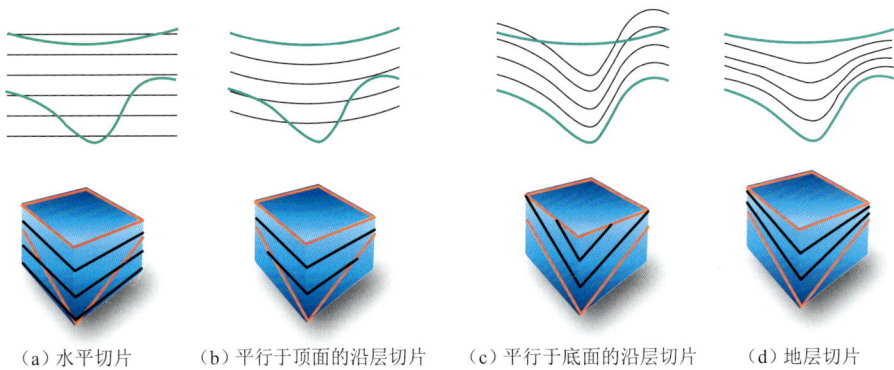

（a）水平切片　　　（b）平行于顶面的沿层切片　　　（c）平行于底面的沿层切片　　　（d）地层切片

图 5-6　常规地震切片示意图

针对常规地震切片中存在的穿时问题,笔者提出了真地层切片的方法,即假设地震资料同相轴为基本等时地层单元,沿着地震资料同相轴产状变化趋势提取的地震切片(图5-7)。应用真地层切片方法能够在储层内部搭建精细的等时地层格架(图5-8),更加准确地描述储层内部的结构特征。

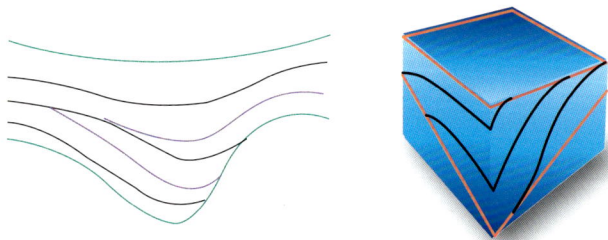

图 5-7　真地层切片示意图

实际工作中,真地层切片分析的关键在于精细等时地层格架的搭建。真地层切片分析的基本流程如图 5-9 所示。

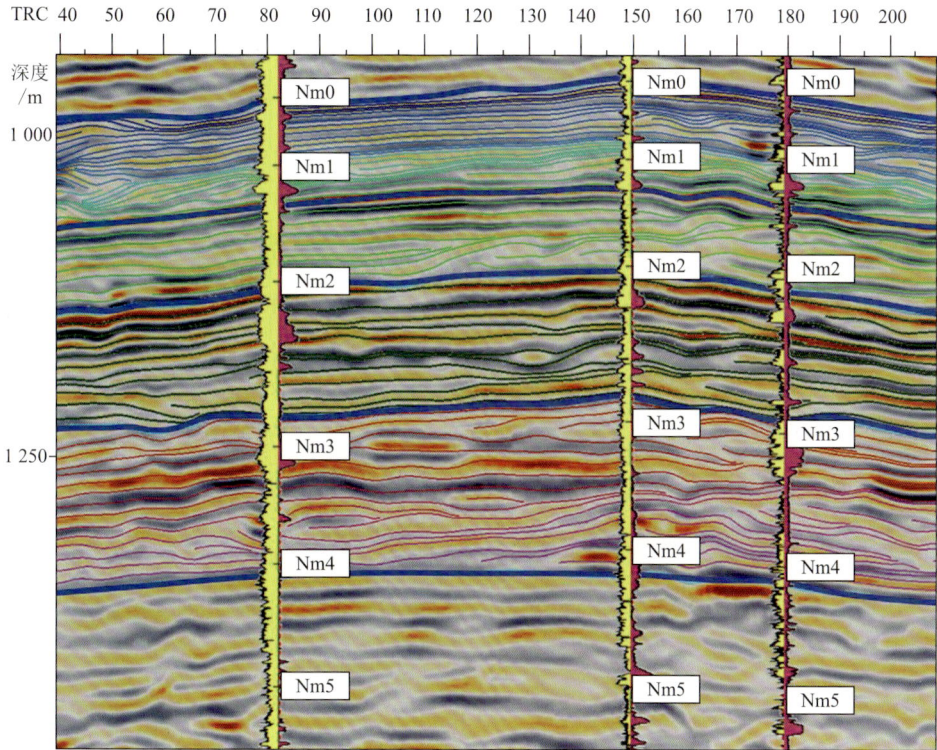

图 5-8　精细等时地层格架

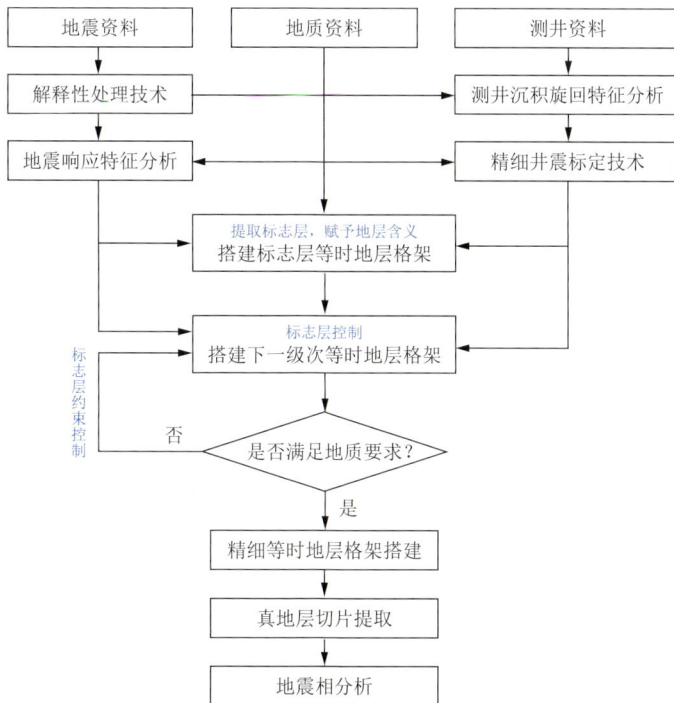

图 5-9　真地层切片分析的基本流程

（1）对地震资料进行解释性处理，提高地震资料品质。

（2）井震结合进行测井沉积旋回特征分析。

（3）结合地震响应特征进行精细井震标定。

（4）提取标志层，构建标志层尺度的等时地层格架。

（5）在标志层的控制下搭建下一级次等时地层格架。

（6）基于地层格架获得真地层切片，综合地质沉积认识进行地震相、沉积相分析。

对于不同等时地层格架单元内的真地层切片，沉积岩石学特征和弹性参数的差异将引起地震反射特征（地震属性）的变化。通过优选敏感地震属性进行地震相演绎分析，结合沉积学规律认识，能够有效开展地震沉积学研究，并指导低于地震分辨率的储层精细预测。

第四节　LD油田应用实例

一、油田概况

LD油田位于渤海东部海域，处在渤东低凸起向东北方向延伸的倾没端，主要钻遇明化镇组下段、馆陶组和东营组三套含油层系。其中，明化镇组为主力储量单元，其河流相沉积砂体横向变化快、空间叠置关系复杂，储层精细划分对比和分布预测难度大（范廷恩等，2012b）。

二、沉积旋回特征分析及精细地震层序格架的建立

明化镇组下段依据沉积旋回特征可划分为多个油组（图5-10）。其中，Ⅰ油组是大套砂岩，地震响应特征为较强振幅、较连续的反射特征；Ⅱ油组为强振幅、连续的反射特征；Ⅳ和Ⅴ油组整体为水退环境。Ⅴ油组以泥岩为主，表现为强振幅、连续的反射特征；Ⅳ油组是弱振幅、连续性中等反射特征。下覆馆陶组地层为弱振幅、断续反射特征。

根据地震响应特征，结合测井旋回响应特征，追踪明化镇组下段可以解释出h1，h2和h4层位，建立一级地震层序格架。

对油层发育层段（Ⅱ，Ⅳ和Ⅴ油组）的进一步研究表明：Ⅱ油组内部，h21层位以下地震反射为平行结构，具有强振幅、连续反射特征；h21层位以上为亚平行、较连续、中强振幅的反射特征。由此，可以完成明化镇组下段二级地震层序格架的建立。

在一级、二级地震层序格架建立的基础上，采用趋势面差分法等分每个油组，保证每个沉积微相单元垂向厚度不小于1 ms（1个采样点），建立LD油田明化镇组下段三级地震层序格架。

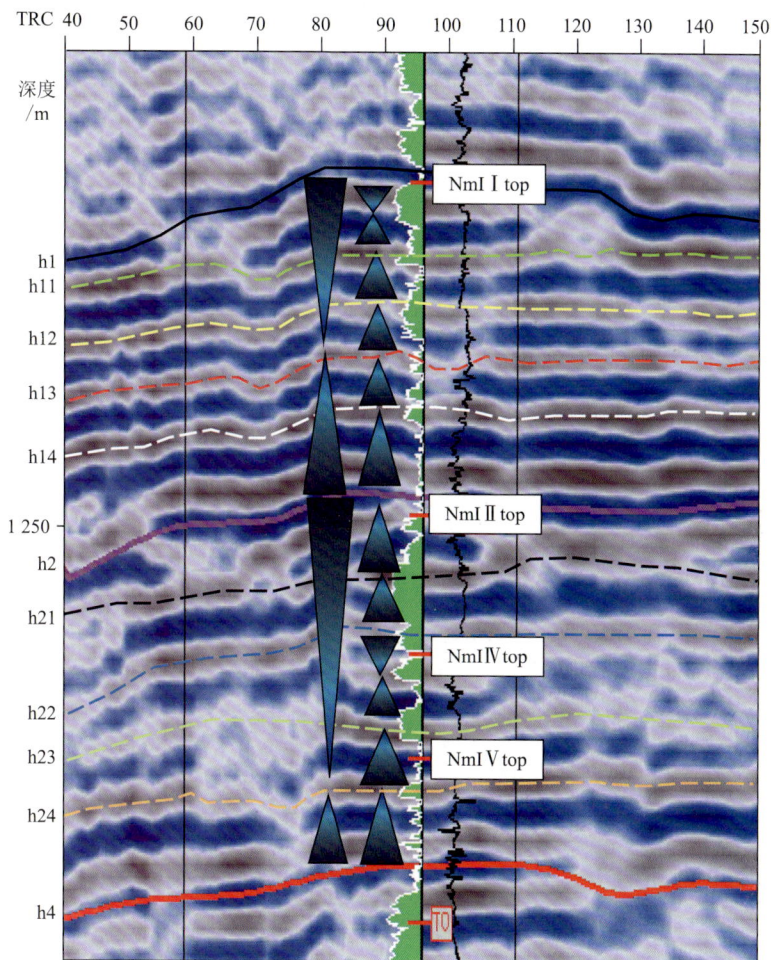

图 5-10 明化镇组下段油组沉积旋回及地震响应特征

三、切片地震微相分析

以明化镇组下段 II 油组上为例进行介绍。LD 油田明化镇组下段 II 油组为浅水三角洲沉积。早期,河道呈枝状、条带状散布于工区内部,分流河道规模较小,砂体厚度较薄;中期,浅水三角洲分布范围变大,物源供给增大,分流河道规模变大,砂体厚度变厚;晚期,浅水三角洲分布范围最广,分流河道规模继续变大,河道连片分布,砂体厚度变厚,表明河道水动力和物源供给较强。在波阻抗数据体上以三级地震层序格架为单位提取一系列等时切片(图 5-11)。切片 18 至切片 16 地震微相展布特征相似,说明沉积古地理环境相似,沉积特征较为接近,可以合并为一套地层单元,称为第 1 沉积微相单元,该单元地层整体水深;切片 15 至切片 10、切片 9 至切片 7、切片 6 至切片 4、切片 3 至切片 1,地震微相空间展布特征分别相似,说明沉积古地理环境相似,沉积特征相似,分别合并为第 2、第 3、第 4、第 5 沉积微相单元,如图 5-12 所示。

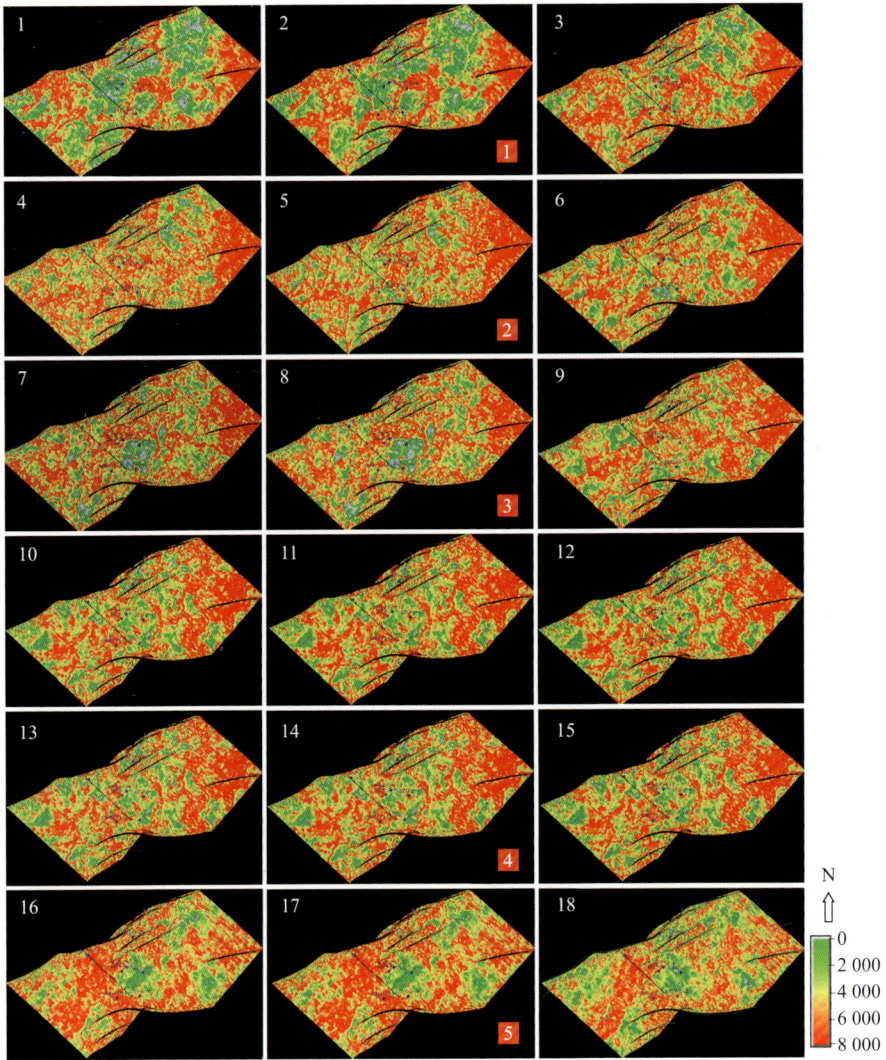

图 5-11　明化镇组下段Ⅱ油组等时切片

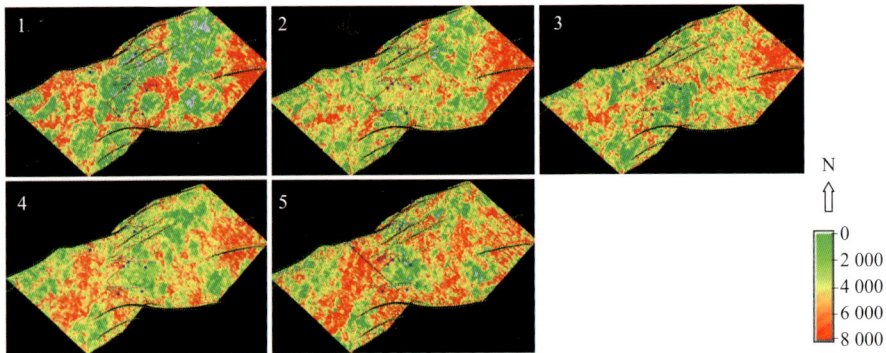

图 5-12　明化镇组下段Ⅱ油组 5 个沉积微相单元

第 5 沉积微相单元地震微相呈条带状展布,强振幅区主要分布于油田东北部,说明该时期河道砂体主要发育于油田的这两个部分;第 4 沉积微相单元地震微相强振幅区位置基本不变,但振幅强度变差,砂体发育略差;到第 3 沉积微相单元,地震微相强振幅区以油田东北部为主,河道也以该区域最为发育;到第 2 沉积微相单元,地震微相强振幅区的位置更集中于油田东北部,除该部分外,油田其他部分河道特征逐渐模糊;而到第 1 沉积微相单元,强振幅区重新广泛发育,说明该单元河道大面积发育,砂体广布。

总的说来,Ⅱ 油组河道非常发育,砂体广布,不同沉积单元,河道砂体位置及发育程度有所差异。上述切片演绎地震相分析结果在油田开发阶段地质油藏模型研究和井位设计过程中得到了充分应用,完钻证实合理。

第五节 KL 油田应用实例

一、油田概况

KL 油田位于渤海南部海域,主要目的层为沙河街组辫状河三角洲薄互层沉积储层(埋藏深度 2 200～2 800 m),大部分砂体厚度小于 5 m,储层横向变化快(图 5-13)。地震资料分辨率低,仅为 35 m,储层平面分布及连通性认识困难。

二、沉积旋回特征分析及精细地震层序格架的建立

根据井震沉积旋回特征分析结果,KL 油田沙三中段沉积结构分为三级,分别为前积体、前积层、前积层内小层。

首先,选定两套标志层:标志层 1 为发育在沙三中段第三期前积体顶部的一套泥岩,厚度约 20 m,测井曲线特征为高伽马、低电阻,地震响应表现为强振幅、连续反射特征;标志层 2 为发育在沙三中段第二期前积体顶部的一套泥岩,厚度约 20 m,测井曲线特征为高伽马、低电阻,其上下地层地震响应表现为强振幅、连续反射。该套泥岩标志层是 KL 油田沙三上段和沙三中段的分界线,地震反射结构特征明显不同:标志层之下的地震反射特征表现为一套倾斜反射层,具有前积反射结构;标志层之上地层的地震反射特征则表现为平行、亚平行结构(图 5-14)。

其次,拉平标志层 1,使其前积特征更加明显,实现全区前积体的地层格架搭建。三期前积体沿着物源方向逐步向前推进,前积特征明显且自下而上地层倾角逐步变缓,由 S 型前积过渡为斜交前积,反映了沉积物供给速度由慢到快、水流能量由弱变强、储层由富泥到富砂的沉积变化过程。前积体内部可细分为 7 期前积层,井上钻遇其中 4 期前积层,对应图 5-15 中标号为①～④。

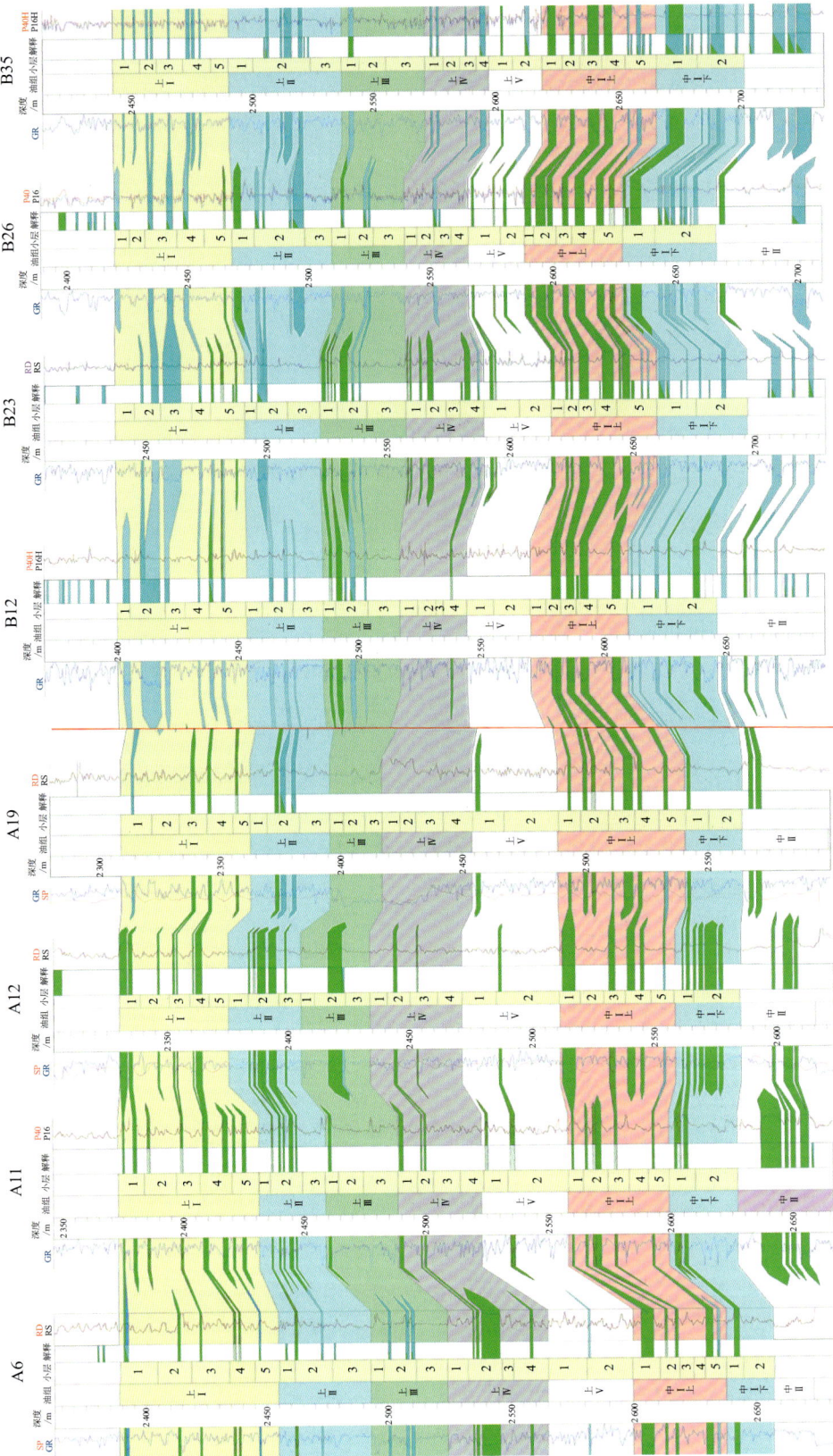

图 5-13　KL 油田主要目的层目的层小层连井对比图

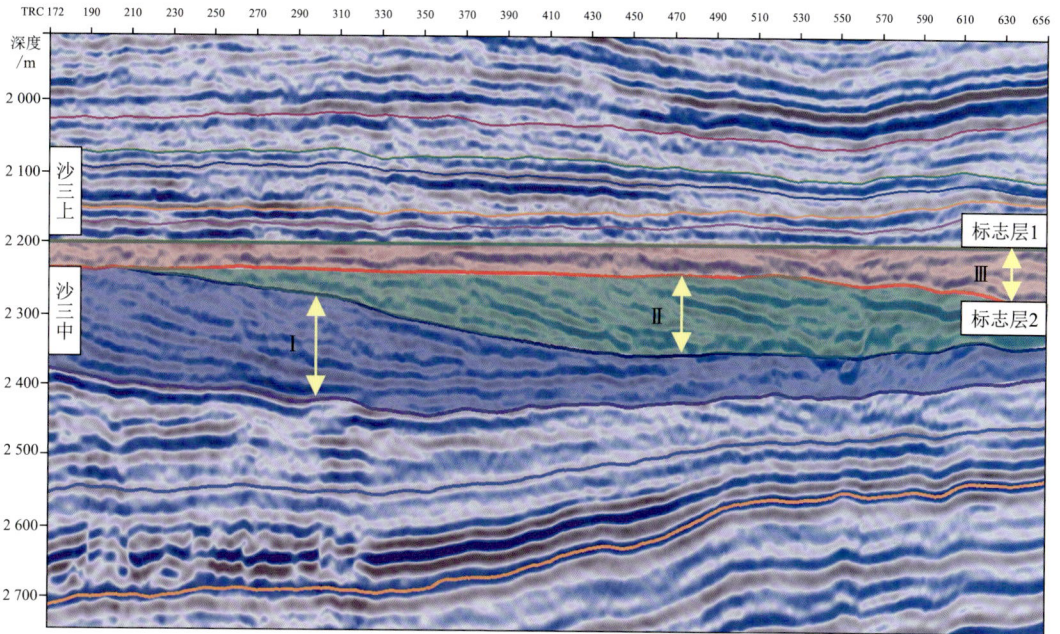

图 5-14 前积体间地层格架搭建地震剖面图

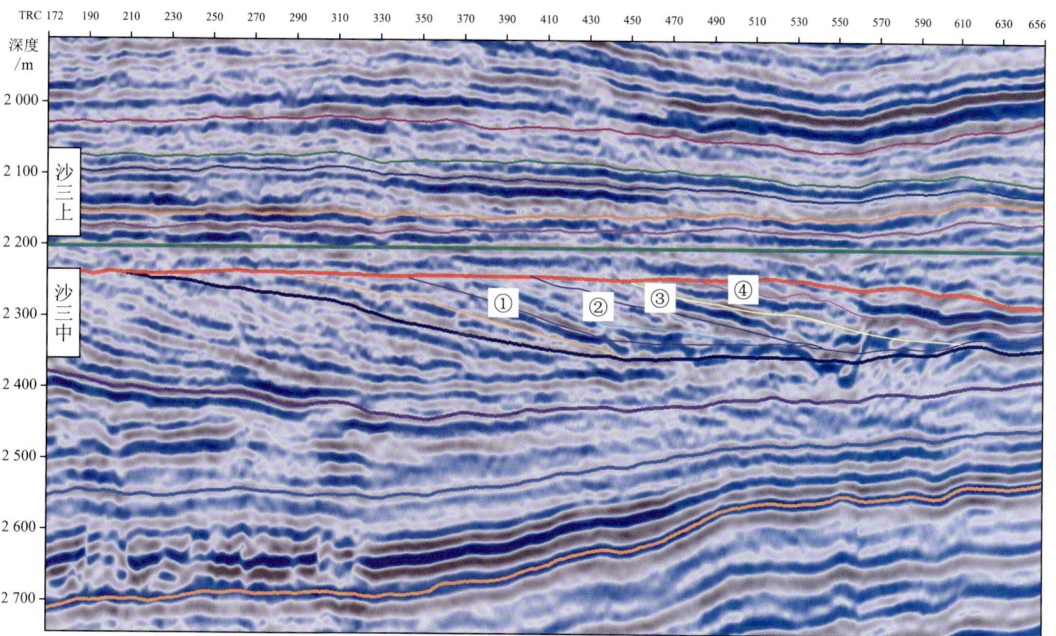

图 5-15 前积体内部精细地层格架搭建地震剖面图

三、切片地震微相分析

KL 油田沙三中段主要呈现砂岩弱振幅、泥岩强振幅的地震响应特征。以前积层地层格架为约束,提取图 5-15 中①,②,③和④对应的平面地震属性,结合辫状河三角洲发育模式及沉积相分析认识(图 5-16,图中弱振幅对应的红色即富砂区域,强振幅对应的蓝色即富泥区域,红线为砂岩和泥岩的分界线),实现储层平面展布特征的综合预测,为开发方案调整优化奠定基础。

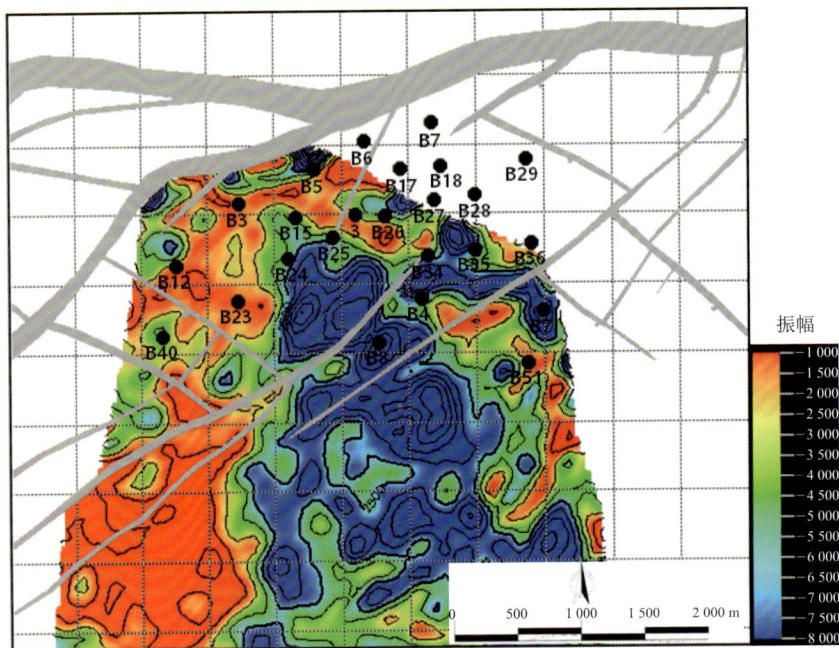

(a) 前积层①的总负振幅属性分布图

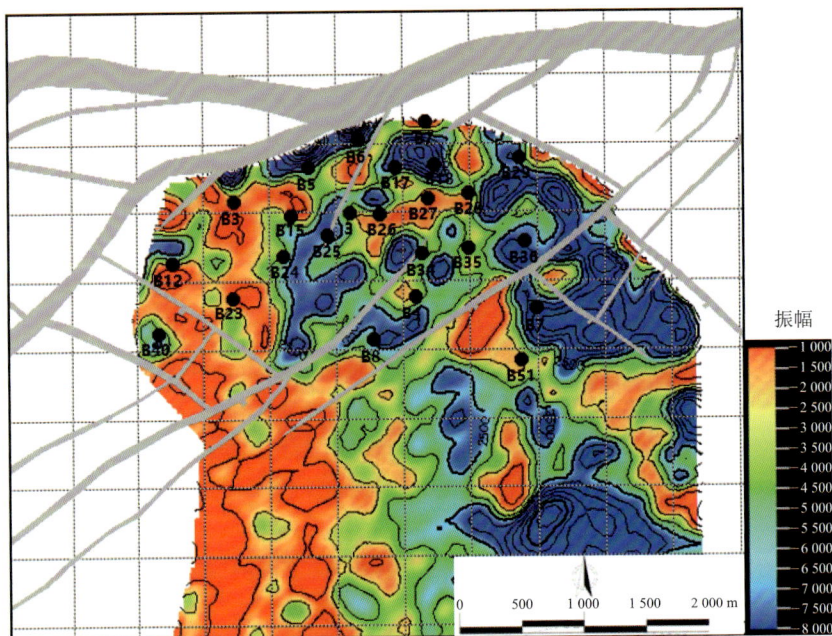

(b) 前积层②的总负振幅属性分布图

图 5-16 图 5-15 中各前积层切片地震属性和沉积相分布图

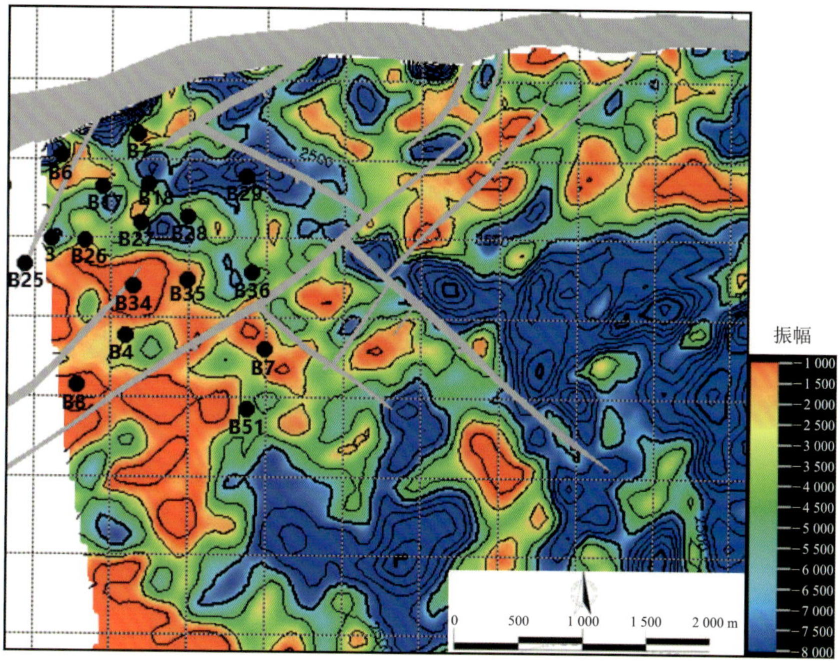

（c）前积层③的总负振幅属性分布图

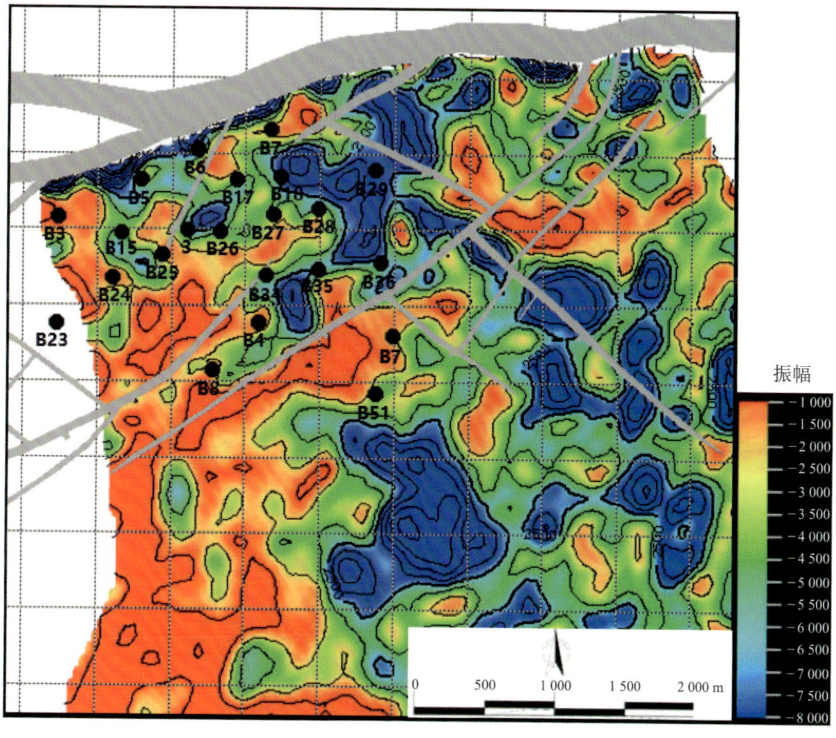

（d）前积层④的总负振幅属性分布图

图 5-16(续)　图 5-15 中各前积层切片地震属性和沉积相分布图

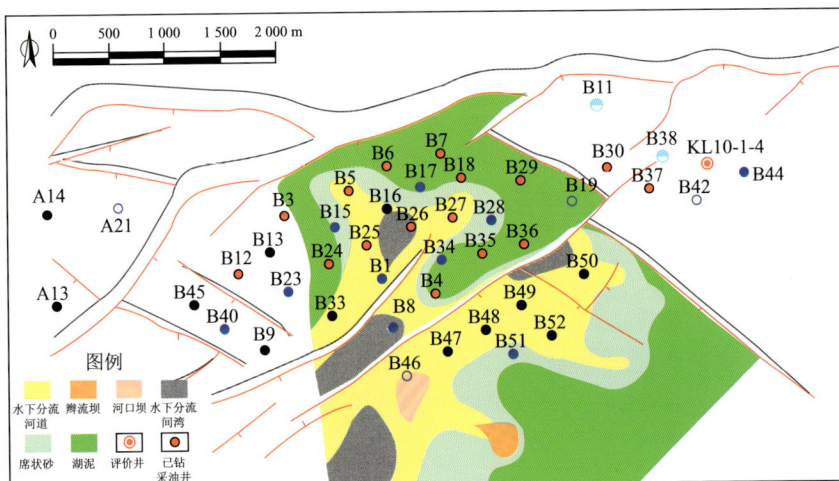

（e）前积层③对应的沉积相分布图

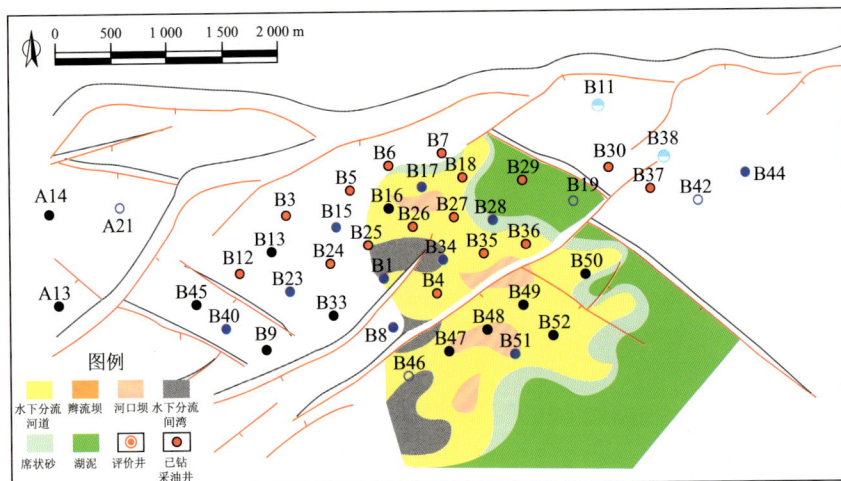

（f）前积层④对应的沉积相分布图

图 5-16(续)　图 5-15 中各前积层切片地震属性和沉积相分布图

参考文献

陈景山,彭军,周彦,等,2007.基准面旋回层序与油层单元划分关系[J].西南石油大学学报,29(2):162-165.

邓宏文,1995.美国层序地层研究中的新学派——高分辨率层序地层学[J].石油与天然气地质,16(2):89-97.

邓宏文,2002.高分辨率层序地层学:原理及应用[M],北京:地质出版社.

邓宏文,王洪亮,祝永军,等,2002.高分辨率层序地层学:原理与应用[M].北京:地质出版社.

邓宏文,吴海波,王宁,等,2007.河流相层序地层划分方法——以松辽盆地下白垩统剩余油层为例[J]. 石油与天然气地质,28(5):621-627.

董建华,范廷恩,高云峰,等,2010. 真地层切片的拾取及应用[J]. 石油地球物理勘探,45
　　(1):150-153.

范廷恩,胡光义,余连勇,等,2012a. 切片演绎地震相分析方法及其应用[J]. 石油物探,51
　　(4):371-376.

范廷恩,胡光义,周建楠,2012b. 中国海上 BZ 油田 ODP 阶段开发地震技术应用[J]. 石油
　　地球物理勘探,2:170-174.

国景星,李红南,张立强,等,2017. 油气田开发地质学[M]. 北京:石油工业出版社.

贾振远,蔡忠贤,1997. 层序与旋回[J]. 地球科学:中国地质大学学报,22(5):449-455.

刘波,2002. 基准面旋回与沉积旋回的对比方法探讨[J]. 沉积学报,20(1):112-117.

刘化清,倪长宽,陈启林,等,2014. 地层切片的合理性及影响因素[J]. 天然气地球科学,
　　25(11):1821-1829.

刘化清,苏明军,倪长宽,等,2018. 薄砂体预测的地震沉积学研究方法[J]. 岩性油气藏,
　　30(2):1-11.

吴胜和,纪友亮,岳大力,等,2013. 碎屑沉积地质体构型分级方案探讨[J]. 高校地质学
　　报,19(1):12-22.

张军华,王庆峰,张晓辉,等,2017. 薄层和薄互层叠后地震解释关键技术综述[J]. 石油物
　　探,56(4):459-482.

郑荣才,柯光明,文华国,等,2004. 高分辨率层序分析在河流相砂体等时对比中的应用
　　[J]. 成都理工大学学报(自然科学版),31(6):641-647.

郑荣才,彭军,吴朝容,2001. 陆相盆地基准面旋回的级次划分和研究意义[J]. 沉积学报,
　　19(2):249-255.

朱筱敏,曾洪流,董艳蕾,2017. 地震沉积学原理与应用[M]. 北京:石油工业出版社.

ZENG H L,BACKUS M M,BARROW K T,et al.,1998a. Stratal slicing:Part Ⅰ. Realis-
　　tic 3D seismic model[J]. Geophysics,63(2):502-513.

ZENG H L,HENRY S C,RIOLA J P,1998b. Stratal slicing:Part Ⅱ. Real 3D seismic
　　data[J]. Geophysics,63(2):514-522.

ZENG H L, HENTZ T F, 2004. High-frequency sequence stratigraphy from seismic
　　sedimentology:Applied to Miocene,Vermilion Block 50,Tiger Shoal area,offshore
　　Louisiana[J]. AAPG Bulletin,88(2):153-174.

第六章
基于层序地层的高分辨率地质统计学反演技术

地震反演技术是油田勘探开发中储层描述的重要技术手段,对油气田的高效开发具有重要的应用价值。地质统计学反演是高分辨率反演的重要技术,该方法综合地震、测井、地质等信息,适用于开发阶段低于地震分辨率的薄储层砂体精细研究。做好地质统计学反演的关键在于地质框架模型、变差函数、岩性空间展布趋势等关键参数的准确求取。本章以我国中、新生代陆相盆地重要的曲流河储层为研究对象,首先论述地质统计学反演关键参数与层序地层学的关系,然后详细介绍地质统计学反演关键参数的地质含义及层序约束下的参数求取方法,最后以曲流河沉积的 QHD32-6 油田为例开展明化镇组下段基于层序地层的地质统计学反演应用效果研究。

第一节　层序地层学与地质统计学反演的关系

层序的形成及其充填样式主要受控于构造、古气候、物源供给等因素,而这些因素的综合反映主要表现为 A/S 比值的变化。以河流相层序地层为例,大多数学者认为河道带的结构是 A/S 比值变化的函数。低 A/S 比值条件下,常形成垂向上相互叠置、彼此切割的河道砂岩。河道砂往往以叠置型为主,砂体具有明显的相互叠置、彼此切割特征。中等 A/S 比值条件下,常形成横向上叠置、彼此切割的河道砂岩。河道砂以侧叠型为主,单个河道在侧向上和垂向上彼此叠置、呈多层状结构。高 A/S 比值条件下,产生孤立的、被冲积平原泥岩包围的、各相渐变的河道带砂岩,常形成孤立型河道砂体(邓宏文,1995;邓宏文等,2002;Leeder M R,1973;Lorenz J C,et al.,1985)。

地质统计学反演是一种利用已知的地震信息、测井信息、地质统计学信息,根据后验概率公式求解空间中储层分布特征的技术。该技术假定地震信息、测井信息及地质信息都具有不确定性。首先根据已知的地质信息,利用马尔科夫链-蒙特卡罗模拟,求取空间中储层的分布概率;然后从地震及测井信息中寻找储层的分布概率;最后利用后验概率公式求得储层空间分布规律的概率(图 6-1)。

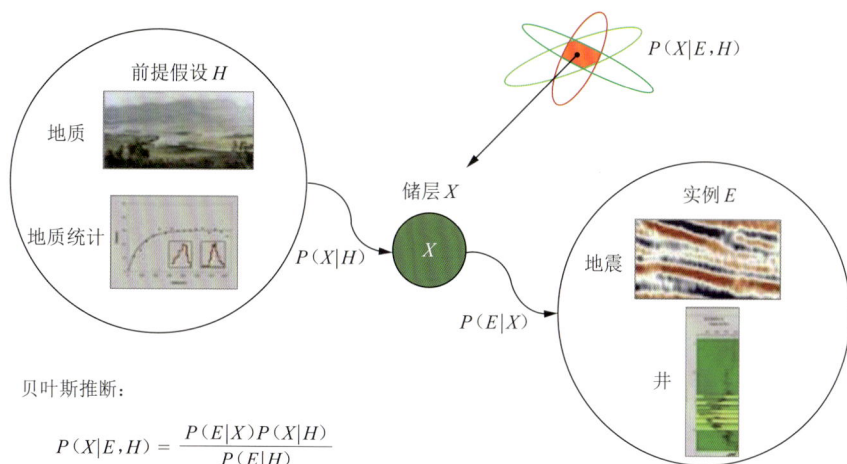

图 6-1 地质统计学反演示意图

地质统计学反演精度受地层框架模型、纵/横向变程、岩性空间展布趋势、信噪比、地震子波及岩性概率密度函数等多个因素的影响。研究认为,地震可识别尺度地层框架模型、纵/横向变程和岩性空间展布趋势对地质统计学反演精度的影响较大。

随着 A/S 比值的变化,不同层序演化阶段形成的储层在叠置样式、储层厚度等方面具有不同的特征。因此,地质统计学反演应用中应根据各层序不同的储层特征来求取反演参数,从而赋予反演参数明确的地质含义,使求取的参数能准确反映各层序储层特征。

一、地层框架模型与层序地层学

油气田勘探开发阶段,主要采用以地震上具有明显反射特征的储集层边界为约束,以平行于界面顶或底的方式对层间进行均匀充填来构建地层框架模型。依据层序地层学理论,地震上具有明显反射特征的储集层边界映射到层序地层学上,对应于层序地层的旋回界面。层序地层的旋回界面主要包括基准面下降与上升的转换面和基准面上升与下降的转换面两类(邓宏文,1995;邓宏文等,2002,2007)。地层框架模型的构建与层序地层旋回的识别息息相关。研究表明,地震上所识别的旋回级别往往低于井上所识别的旋回级别。因此,如何在二者之间搭建一个桥梁,建立井-震旋回级别匹配的层序地层格架,进而构建相应的地层框架模型显得尤为重要。

本书讨论的地震地层框架模型以层序地层学理论为指导,实现反演地质参数的选取。其优势主要体现在:

(1)以层序地层学理论为指导,将井上地质信息与地震信息充分结合,赋予模型明确的地质含义。

(2)将层序地层学理论引入模型构建中,所构建的地层框架模型能准确反映各层序储层特征,能对内部储层进行很好的约束,进而提高地层框架模型的精度。

二、变差函数与层序地层学

变差函数反映空间上点之间的相似性随相互距离变化而变化的关系,包括纵向变程和横向变程两个关键变量。其中,纵向变程表示纵向上单砂体或复合砂体的厚度;横向变程反映砂体在平面上的展布规律,与储集体的平面沉积相或微相规模有关。对于河流沉积而言,长轴代表河道在平面上的延伸方向,其取值大小相当于点坝的长度;短轴代表平面上河道发育的展宽方向,其取值大小相当于点坝的宽度。

据前人研究,河流层序的形成演化受 A/S 比值变化的影响,当构造、古气候、物源供给等因素发生变化引起 A/S 比值改变时,层序内部储层将呈现不同的特征。低 A/S 比值时,河道砂体主要以堆叠型复合河道砂体为主,河道类型砂体叠置连片,单砂体厚 3~10 m,宽度 300~1 200 m;中等 A/S 比值时,河道砂体由堆叠型向侧叠型转变,砂体规模变小;高 A/S 比值时,砂体主要以孤立型为主,发育有决口扇和孤立河道(胡光义等,2014)。

层序的形成演化控制层序内部储层的砂体叠置样式、砂体厚度、砂体空间展布形态等。随着 A/S 比值的变化,不同层序将呈现特征迥异的储层特征,直接影响层序约束下地质统计学反演中变程的求取。因此,为更好地表征目标地质体的平面展布和规模,应以层序地层格架为约束,根据各层序的储层地质特征来求取各小层反演变差函数,从而赋予参数明确的地质含义,提高参数求取精度,使反演结果更加精确地表征目标地质体特征。

三、岩性空间展布趋势与层序地层学

研究表明,随着 A/S 比值的变化,层序内部储层将呈现不同的储层特征。以QHD32-6 油田的 Well-3 和 Well-4 两口井为例,测、录井资料(图 6-2)表明,明化镇组下段

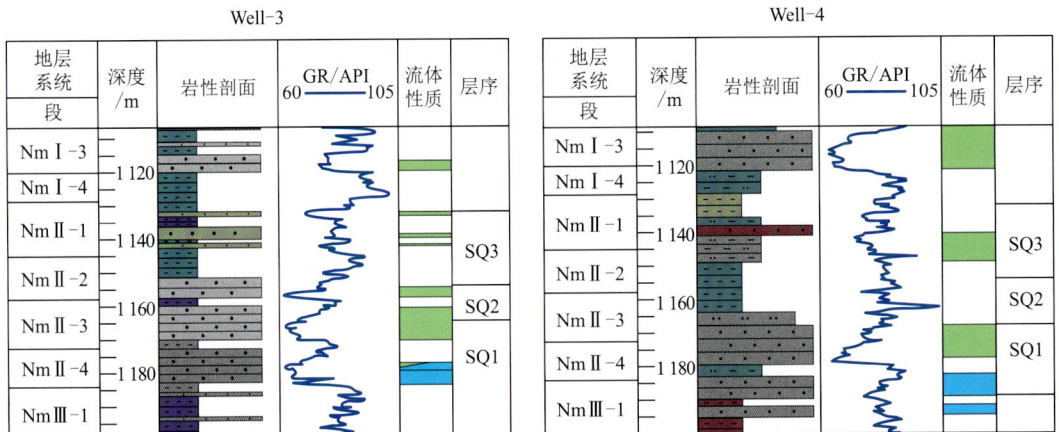

图 6-2　明化镇组下段Ⅱ油组(NmRⅡ)单井层序特征分析

Ⅱ油组(NmRⅡ)各层序具有不同的特征:SQ1 与 SQ2 时期,A/S 比值中等,岩性主要为中—厚层砂岩夹薄层泥岩;SQ3 时期,A/S 比值较大,岩性主要为厚层泥岩夹薄层砂岩。各层序的岩性在垂向上也呈现多个韵律变化的特征。

以往地质统计学反演常采用各层序砂泥比平均值作为岩性空间展布趋势并用于反演,所求取参数不能真实反映储层的空间变化特征,尤其是对岩性横向变化快、砂岩在很小范围内发生尖灭而过渡为泥岩的河流沉积。

本书研究表明,以所建立的层序地层格架为约束,依据各层序储层特征来求取各小层的岩性空间展布趋势能更好地表征岩性纵/横向变化特征,有助于提高反演精度。

第二节　层序约束下反演变差函数求取

变差函数是区域化变量空间变异性的一种度量,反映了储层在三维空间的变化特征,表征了储层的空间各向异性。其中,纵向变程在地质上表示垂向沉积体的厚度,其取值大小影响反演砂体的垂向分辨率;横向变程则表示沉积体在横向上的展布规律,其不同方向取值大小反映储层空间上的各向异性特征。

一、变差函数定义及其地质含义

空间上点之间的相似性随相互距离变化而变化的关系即变差函数,如图 6-3 所示。变差函数用区域化变量 $Z(x)$ 和 $Z(x+h)$ 两点之差的半方差表示,其数学表达式为:

$$\gamma(x,h) = \frac{1}{2}Var[Z(x)-Z(x+h)] = \frac{1}{2}E[Z(x)-Z(x+h)]^2 \qquad (6-1)$$

实验变差函数的计算公式为:

$$\gamma(h) = \frac{1}{2N(h)}\sum_{i=1}^{N(h)}[Z(x)-Z(x+h)]^2 \qquad (6-2)$$

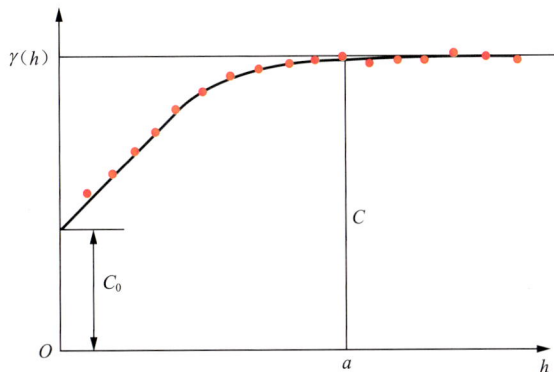

图 6-3　变差函数示意图(王雅春和王璐,2013)

a 为变程，反映研究对象中某一个区域化变量的变化程度。当 $h<a$ 时，任意两点间的观测值具有相关性，并且相关程度随 h 的增加而减小；当 $h>a$ 时，数据之间没有相关性，对估计结果不会产生影响；当 $h=a$ 时，达到基台值。C_0 为块金效应，表示距离很小时两点间的样品的变化，反映变量的连续性很差，即使在很短的距离内，变量的差异也很大。C 为基台值，代表区域化变量在空间上的总变异性大小，表示先验方差的大小。C 越大，说明数据的波动程度越大，参数变化的幅度越大（边树涛等，2010）。

在对储层厚度进行分析时，长轴代表物源方向；长轴与短轴的比例关系则与剖面上储层的宽厚比相一致。就曲流河储层而言，纵向变程表示纵向上单砂体或复合砂体的厚度。横向变程中，长轴方向代表河道在平面上的延伸方向，其取值大小相当于点坝的长度；短轴方向则代表平面上河道发育的展宽方向，其取值大小相当于点坝的宽度。

二、反演纵向变程求取

为求取合适的反演纵向变程，本书提出基于单井垂向单砂体厚度来确定反演纵向变程的方法。该方法首先统计井上单砂体厚度，运用频率分布图分析单砂体厚度分布规律，并结合油田地震实际分辨率确定最终的反演纵向变程。

数据分析结果表明，研究区目的层单砂体厚度在 0.2～16.5 m 之间，最薄为 1 m，最厚达 16.5 m（图 6-4）。结合油田地震的实际分辨率及研究识别的对象（小于 1 m 厚度的砂体不具备开发价值，即使识别也无实际意义），最终确定纵向变程为 1 ms。

三、反演横向变程求取

传统基于稀疏脉冲反演数据提取的平面地震属性求取横向变程存在如下问题：

（1）变差函数求取的精度依赖于稀疏脉冲反演的精度。

（2）依据地震属性读取横向变程，人为因素影响大，随机性强。

（3）采用试错法求取横向变程，效率低，所取参数无明确地质含义。

这里提出层序地层格架约束基于地质信息求取横向变程的方法（樊鹏军等，2017），如图 6-5 所示。主要步骤为：

（1）根据井上单砂体厚度确定河道满岸深度，并采用 Leeder 经验公式求取河道满岸宽度。

（2）运用 Lorenz 经验公式和拟合公式求取研究区点坝的宽度和长度。

（3）数据统计分析求取反演横向变程。

该方法基于井上信息所获得的储层地质特征认识来指导横向变程求取，具有人为因素影响小、所求参数精度高、参数求取效率高、参数地质含义明确的优势。

（a）单井砂体计算　　　　　　　　　（b）单井砂体厚度统计

（c）反演垂向变程

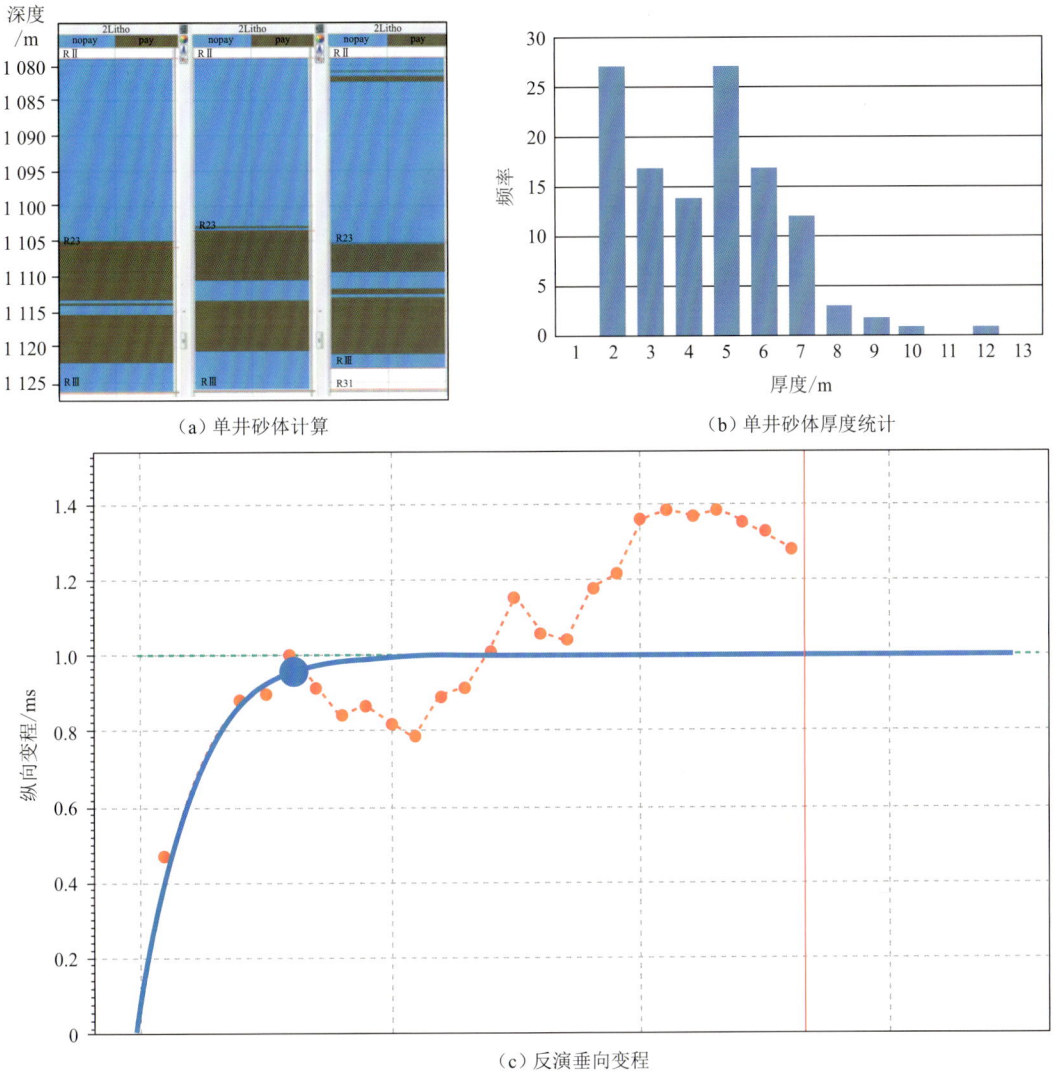

图 6-4　反演垂向变程分析

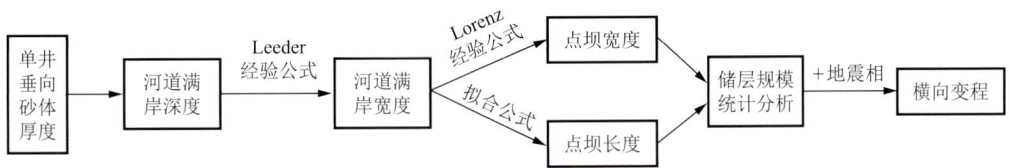

图 6-5　横向变程求取新方法

1. 曲流河点坝表征参数

研究表明，研究区以曲流河沉积为主，点坝砂体是其最主要的储集层，是曲流河储层描述的重点，而点坝在平面上的展布特征主要由点坝宽度和点坝长度两个参数来表征（图6-6）。

图 6-6　曲流河点坝表征参数

2. 河道满岸宽度与点坝参数关系

1) 河道满岸宽度与点坝宽度

国外学者 Leeder 通过研究总结了河道满岸宽度与单一向上正旋回砂体厚度（满岸深度）之间的关系（Leeder M R,1973）：

$$W_c = 6.8d^{1.54} \tag{6-3}$$

式中　W_c——河流满岸宽度,m;

　　　d——单一向上正旋回砂体厚度,m。

Lorenz 提出了单一曲流带的计算公式为（Lorenz J C,1985）：

$$W_m = 7.44W_c^{1.01} \tag{6-4}$$

式中　W_m——单一曲流带宽度,m;

　　　W_c——河流满岸宽度,m。

对于曲率大于 1.7 的曲流河,其点坝宽度近似等于单一曲流带宽度。因此,在单一向上正旋回砂体厚度识别的基础上,根据式(6-3)和式(6-4)即可求取研究区曲流河储层的点坝宽度。

2) 河道满岸宽度与点坝长度

对于河流满岸宽度与点坝长度之间的关系,许多学者通过对现代曲流河沉积的实测建立了相应的关系式(表 6-1),但所建立的关系式之间存在一定的差异,未有统一的经验公式(樊鹏军等,2017)。

为得到适合研究区曲流河点坝长度与河流满岸宽度的关系,收集了有关现代曲流河点坝长度与河流满岸宽度的实测数据,并按曲率大小进行分类统计,通过数据拟合,建立曲率大于 1.7 时点坝长度与河流满岸宽度之间的关系式(图 6-7)(樊鹏军等,2017)：

$$W_p = 3.793\,3W_c^{0.621\,5} - 0.284\,9 \tag{6-5}$$

式中　W_p——点坝长度,m;

　　　W_c——河流满岸宽度,m。

表 6-1　点坝长度与河流满岸宽度关系式(樊鹏军等,2017)

学　者	河流曲率	关系式	备　注
吴胜和,岳大力,2008	>1.7	$W_p = 0.853\,1\ln W_c + 2.453\,1$	
李宇鹏,2008	>1.7	$W_p = 3.3W_c + 0.36$	
石书缘等,2012	>1.7	$W_p = 3.96W_c + 0.11$	W_c 为河流满岸宽度,km; W_p 为单一点坝长度,km
刘振坤,2012	>1.7	$W_p = 6.513\,6W_c + 0.161\,4$	
范广娟,2014	<1.7	$W_p = 8.090\,1W_c + 0.012\,8$	
	>1.7	$W_p = 3.3W_c + 0.36$	

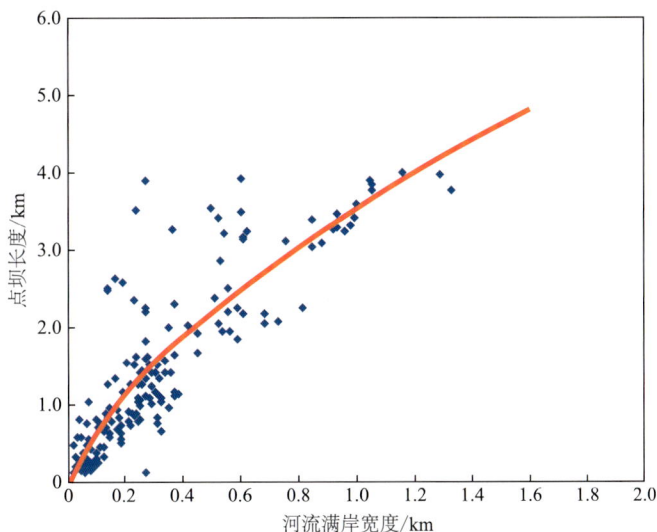

图 6-7　点坝长度与河流满岸宽度拟合关系

3.横向变程求取

在单井垂向单一正旋回砂体厚度识别的基础上,通过经验公式(6-3)和(6-4)以及拟合公式(6-5)求取研究区曲流河储层的点坝宽度及点坝长度,并对所求数据进行统计分析,进而指导地质统计学反演过程中横向变程的求取(图 6-8)。

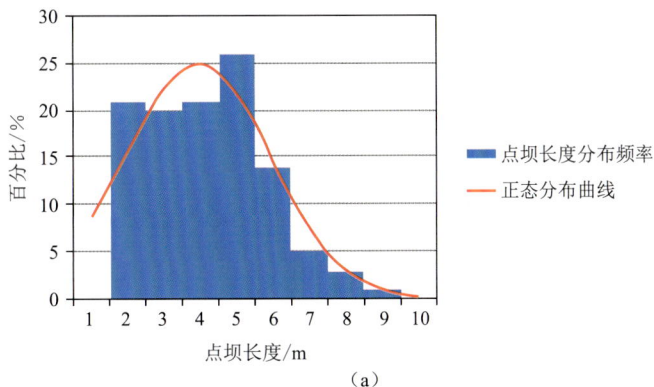

（a）

图 6-8　点坝参数统计结果

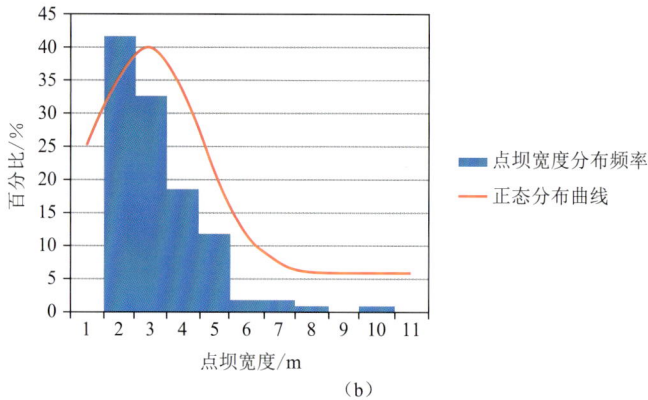

（b）

图 6-8(续)　点坝参数统计结果

第三节　层序约束下的岩性趋势体求取

岩性空间展布趋势反映了储集层岩性在三维空间的变化特征,是表征储层空间变化特征重要参数之一。在进行地质统计学反演研究时,往往选取一个固定的岩性比值作为目的层段的砂地比来进行反演研究,但是分析表明:

（1）垂向上,受沉积物供给速率和沉积物可容纳空间变化影响,目的层段岩性常常表现为多个韵律性的变化特征.

（2）对于陆相沉积而言,岩性横向上变化快,砂岩常常在很小范围内发生尖灭而过渡为泥岩,其内部岩性变化更为复杂。

显然,选取目的层段砂地比平均值作为岩性空间展布趋势与实际的沉积地质规律不符,很难准确表征岩性的 3D 空间变化特征,反演结果不能准确表征岩性的空间变化特征,反演结果与真实的沉积地质规律不符。为克服这一问题,本书提出以层序地层格架作为约束,采用马尔科夫链-蒙特卡洛算法求取岩性展布趋势体的方法。该方法求取结果符合真实的沉积地质规律,实现了对岩性空间变化趋势的准确表征。

一、马尔科夫链-蒙特卡洛算法基本原理

马尔科夫链-蒙特卡洛方法是在贝叶斯框架下,利用已有资料和先验信息进行约束,建立一个平稳分布为所求贝叶斯后验分布的马尔科夫链,对这些随机样本进行统计得到后验分布的一些性质。利用马尔科夫链-蒙特卡洛方法,可以得到大量来自后验概率分布的样本,不仅可以得到每个未知参数的估计值,还可以得到与之相关的各种不确定性信息。由于目标函数并不设定为单一最优解,所以结果对初始值的依赖性较小。寻优过程可跳出局部最优,得到全局最优解(黄振凯等,2012;张广智等,2011a,b;韩东等,2015;王朋岩等,2015;王芳芳等,2014)。

假设 $\{X_t : t \geqslant 0\}$ 为一随机序列。将随机序列所有可能取到的值组成的集合记为 S,

称为状态空间。如果对于 $t \geqslant 0$ 及任意状态 $s_i, s_j, s_{i_0}, \cdots, s_{i_{t-1}}$，都有：

$$P(X_{t+1}=s_j \mid X_t=s_j, X_{t-1}=s_{i_{t-1}}, \cdots, X_0=s_{i_0}) = P(X_{t+1}=s_j \mid X_t=s_j) \quad (6\text{-}6)$$

则称 $\{X_t : t \geqslant 0\}$ 为一马尔科夫链。

直观上看，对于马尔科夫过程，要预测将来的唯一有用信息是过程当前的状态，而与以前的状态无关。

用 $\pi_j(X_t)=P(X_t=s_j)$ 表示马尔科夫链在 t 时刻处于状态 s_j 的概率，则对于在 $t+1$ 时刻马尔科夫链，状态 s_i 的概率 $\pi_i(X_{t+1})$ 可以由 Chapman-Kolmogorov 方程得到：

$$\pi_i(X_{t+1}) = P(X_{t+1}=s_i) = \sum_k P(X_{t+1}=s_i \mid X_t=s_k)P(X_t=s_k)$$

$$= \sum_k P(k \to i)\pi_k(X_t) = \sum_k P(k,i)\pi_k \quad (6\text{-}7)$$

定义矩阵 $\boldsymbol{P}$，其第 i 行第 j 列的元素是从状态 i 转移到 j 的概率 $P(i,j)$，$\boldsymbol{P}$ 称为转移概率矩阵。该矩阵每一行元素的和为 1。这样，式 (6-7) 可写为更紧凑的矩阵形式：

$$\pi(X_{t+1}) = \pi(X_t)\boldsymbol{P}$$

连续应用可得到：

$$\pi(X_t) = \pi(X_{t-1})\boldsymbol{P} = \left[\pi(X_{t-2})\boldsymbol{P}\right]\boldsymbol{P} = \cdots = \pi(X_0)\boldsymbol{P}^t \quad (6\text{-}8)$$

Chapman-Kolmogorov 方程的这种连续迭代形式描述了马尔科夫链的发展。

如果所构造的转移核 $P(s,s')$ 满足 $\pi(s')P(s',s) = \pi(s)P(s,s')$，则由其构造的马尔科夫链将具有唯一的不变分布。这个条件称为细致平衡条件。对于一条存在唯一不变分布的马尔科夫链，当它经过充分长的迭代后，马尔科夫链将收敛于此，$\pi(x)$ 就可称为平稳分布。对于这里的反演问题，希望得到所估参数的后验概率分布，所以各参数的马尔科夫链应收敛至所估计参数的后验概率分布。

常用的构造转移核的方法有 Metropolis-Hastings 算法和 Gibbs 采样算法。这里选用 Metropolis-Hastings 算法，其构造马尔科夫链的方法如下：

若要使 $\pi(x)$ 为平稳分布，首先由建议分布 $q(\cdot \mid X_t)$ 产生一个潜在的转移 $X_t \to X^*$，然后根据概率 $\alpha(X_t, X^*)$ 来确定是否转移。也就是说，在潜在转移点 X^* 找到后，以概率 $\alpha(X_t, X^*)$ 接受 X^* 作为链在下一时刻的状态值。于是，在有了 X^* 后，可从 $[0,1]$ 的均匀分布上抽取一个随机数 μ，则：

$$X^{t+1} = \begin{cases} X^*, \mu \leqslant \alpha(X_t, X^*) \\ X_t, \mu > \alpha(X_t, X^*) \end{cases} \quad (6\text{-}9)$$

常用的选择是：

$$\alpha(X_t, X^*) = \min\left\{1, \frac{\pi(X^*)q(X^*, X_t)}{\pi(X_t)q(X_t, X^*)}\right\} \quad (6\text{-}10)$$

二、岩性空间展布趋势体求取方法

以井上岩性信息为基础，在层序地层格架约束下采用马尔科夫链-蒙特卡洛算法求取各目的层的岩性空间展布趋势(图 6-9)。

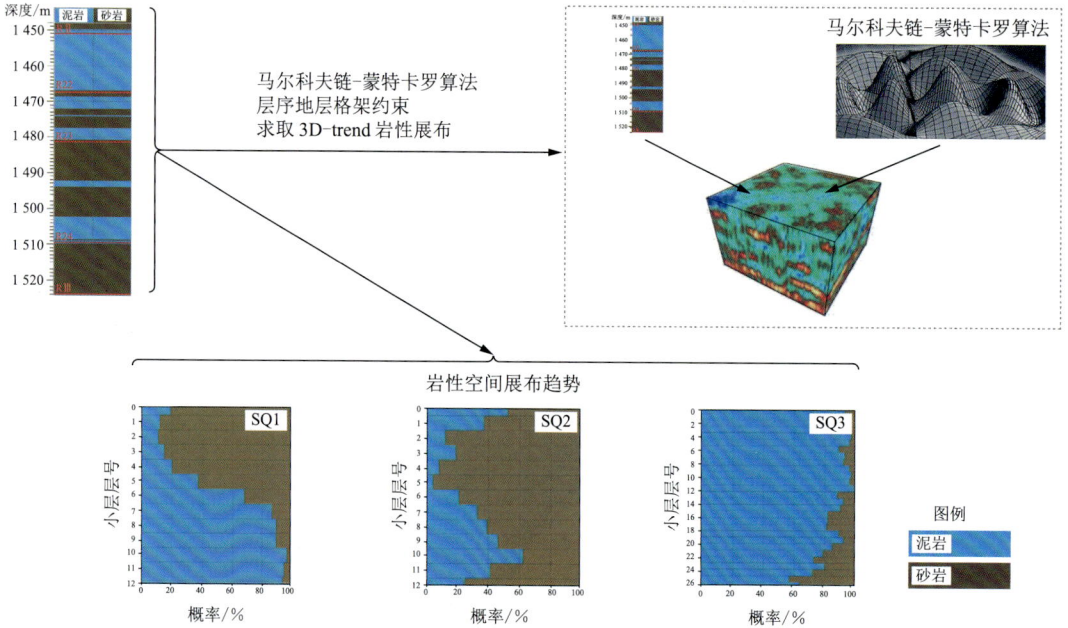

图 6-9 岩性空间展布趋势求取新方法

与常规方法求取的岩性空间展布趋势相比(图 6-10),新方法所求取的岩性空间展布趋势能够准确表征目的层段岩性垂向的韵律变化特征,与井上信息吻合,且所求取的岩性空间展布趋势更加接近真实的沉积地质规律。

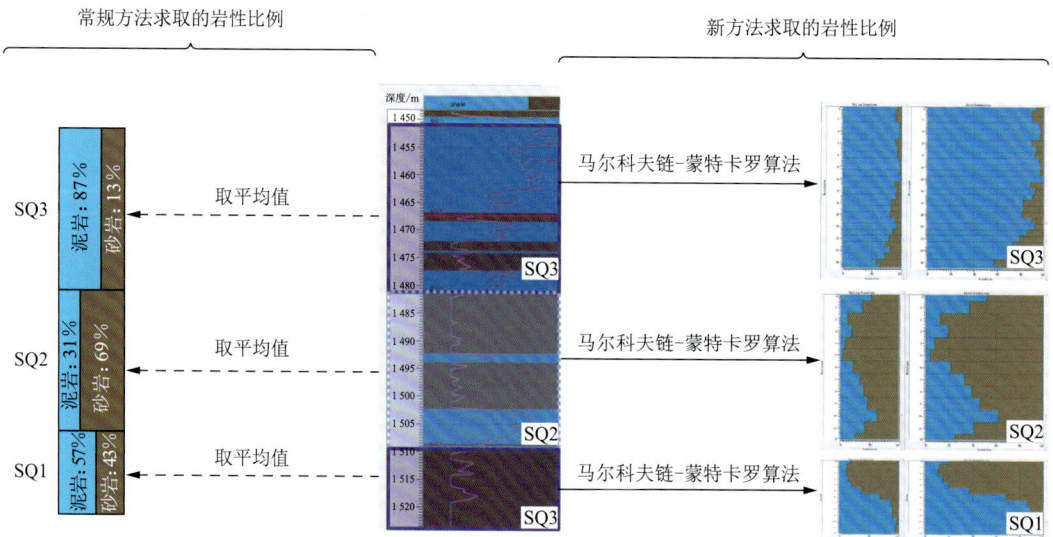

图 6-10 新/旧方法求取岩性空间展布趋势(岩性比例)对比

第四节　基于层序地层的地质统计学反演技术方法

地层框架模型、纵/横向变程和岩性空间展布趋势是地质统计学反演的关键参数,其求取的准确性直接影响反演的精度。其中,地层框架模型以地震上能够识别的稳定反射界面为约束进行构建,而根据层序地层学原理,地震上稳定的反射界面往往对应层序界面。因此,在构建地层框架模型前有必要依据层序地层学原理建立合适的层序地层格架,并以此为约束来构建相应的地层框架模型。对纵/横向变程和岩性空间展布趋势而言,纵向变程反映纵向上单砂体或复合砂体的厚度,横向变程反映储层平面展布规模,岩性空间展布趋势则是储层砂地比纵向上的变化规律,而这些储层参数的变化特征直接受控于层序的演化,即受 A/S 比值变化。因此,为准确求取反演参数,赋予反演参数明确的地质含义,有必要以层序地层格架为约束,根据各层序的储层地质特征来求取反演参数。

针对传统地质统计学反演参数求取方法存在问题,提出将层序地层学理论引入地质统计学反演中,形成低于地震分辨能力的地震统计学反演技术方法,进而指导反演关键参数的求取(图 6-11)。该方法主要包括以下步骤:

(1)依据层序地层学理论,采用"井震互动"的方法建立研究区的高分辨率层序地层格架,并以格架为约束构建相应的地层框架模型。

(2)以构建的地层框架模型为约束,基于储层特征求取纵/横向变程和岩性空间展布趋势,并通过反演质量评估确定最终的反演参数。

(3)以高分辨率层序地层格架为约束,以高精度反演地震数据为基础,开展储层的综合解释和定量分析研究。

第五节　应用实例

将基于层序地层的高分辨率地质统计学反演技术应用到 QHD32-6 油田,一方面赋予反演参数明确的地质含义,提高反演参数的求取精度和效率;另一方面,基于层序地层学的地质统计学反演结果空间分辨率高,与井上信息吻合度更高,储层内部砂体的叠置特征及空间展布特征更加清晰,可为油田开发提供高品质数据支撑。

一、研究区概况

QHD32-6 油田位于渤海中部海域,西北距京塘港约 20 km。地处石臼坨凸起,周边被渤中、秦南和南堡三大富油凹陷环绕,是渤海海域有利的油气富集区之一。

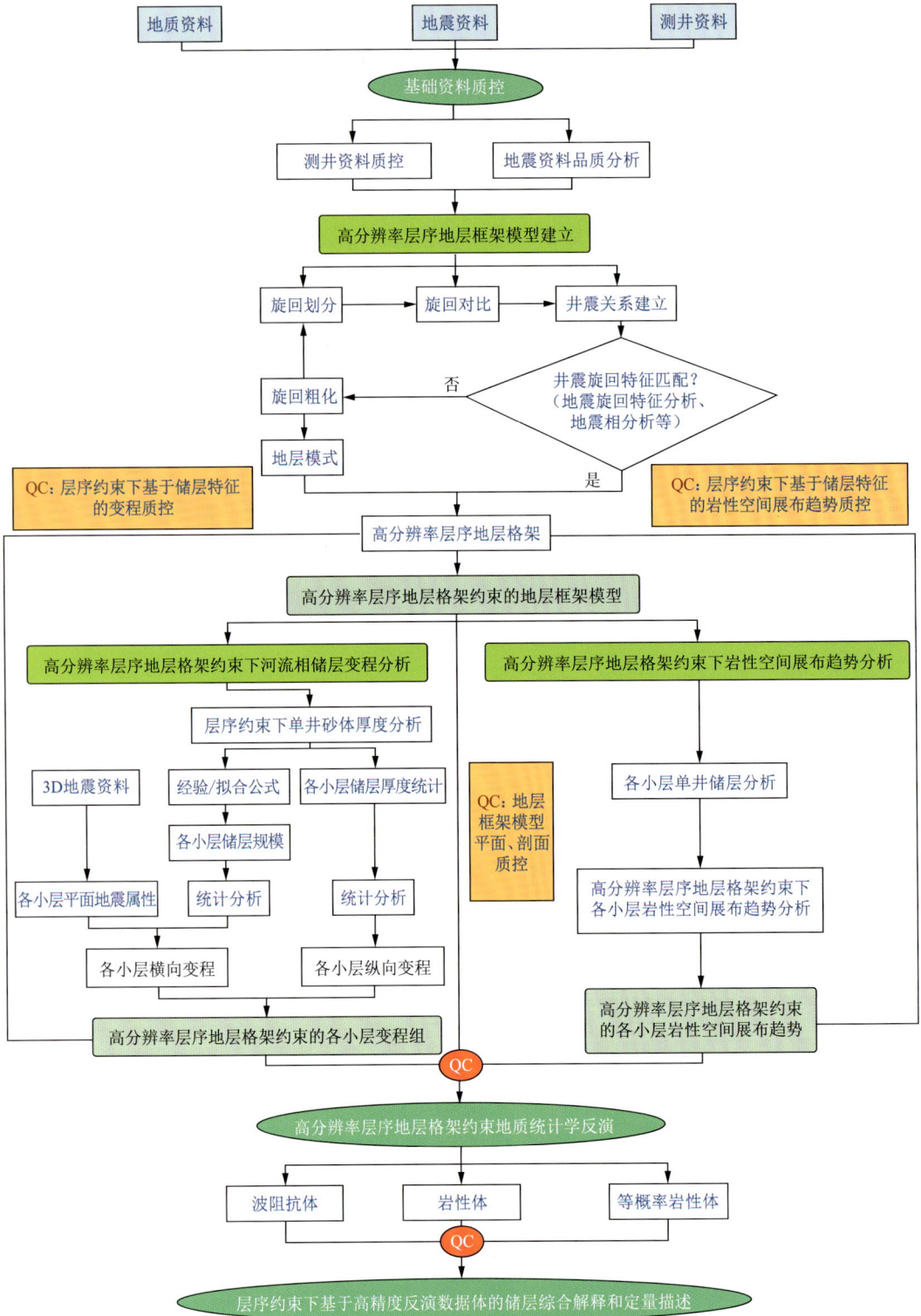

图 6-11 层序约束下地质统计学反演研究技术路线

油田构造为在前第三系古隆起背景上发育并被断层复杂化的大型披覆构造,形成于早第三纪,定形于晚第三纪,其轴向近北东—南西向,南北宽近 12 km,东西宽约 13 km。油田南北两侧以近东西向基底断裂带为界,内部发育一组近北东东向的次级断层,将油田主体部位分割成西区、北区和南区 3 个区块(图 6-12)。

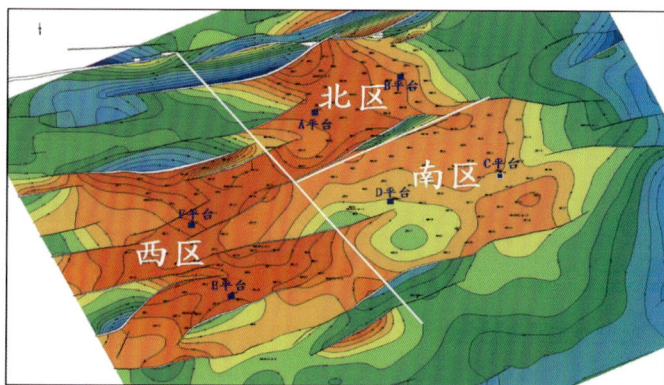

图 6-12　QHD32-6 油田构造特征

该油田主要含油层系为新近系明化镇组(Nm)下段,进一步可细分为 Nm0,NmⅠ,NmⅡ,NmⅢ,NmⅣ 和 NmⅤ,共 6 个油组,其中的明化镇组下段 Ⅱ 油组是研究重点。研究区内 NmⅡ 油组地层厚度为 44～67 m,平均为 56 m,单砂层厚度为 0.2～19.9 m,平均为 5.1 m,纵向上具有砂泥岩互层的特征。

二、反演关键参数求取

以层序地层学理论为指导,首先建立研究区明化镇组下段 Ⅱ 油组砂层组级别的层序地层格架,并以层序地层格架为约束构建反演地质框架模型,求取纵/横向变程和岩性空间展布趋势等反演关键参数(图 6-13 至图 6-15)(范廷恩等,2019)。

分析表明,所提出的新方法将层序地层学理论引入地质统计学反演中,所求取的参数具有以下优点:

(1) 以层序地层学理论为指导,将井上地质信息与地震信息充分结合,反演参数地质含义明确。

(2) 基于层序地层学理论,结合储层沉积特征求取的反演参数能够准确反映油组内部储层特征,有助于反演精度的提高。

三、反演效果分析

地质统计学反演可提高储层反演的空间分辨率,降低地震解释的多解性。对于同一地震反射特征,由于地震分辨率的限制,会有不同的地质体结构形态和组合特征(图 6-16)。研究区过 A12 井的实际地震资料也表明,虽然井上钻遇多期储层,但受地震纵向

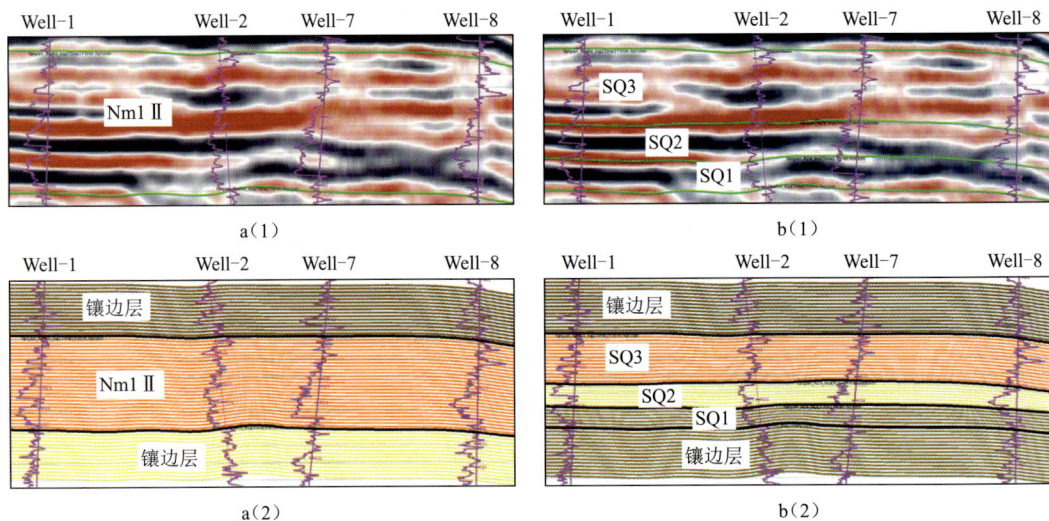

图 6-13　地震层序地层格架及其对应的地质框架模型

左侧图为传统方法建立的层序地层格架及对应的地质框架模型（相当于油组级），其中 a(1)为层序地层格架，
a(2)为地质框架模型；右侧图为新方法建立的层序地层格架及对应的地质框架模型（相当于砂层组级），
其中 b(1)为层序地层格架，b(2)为地质框架模型

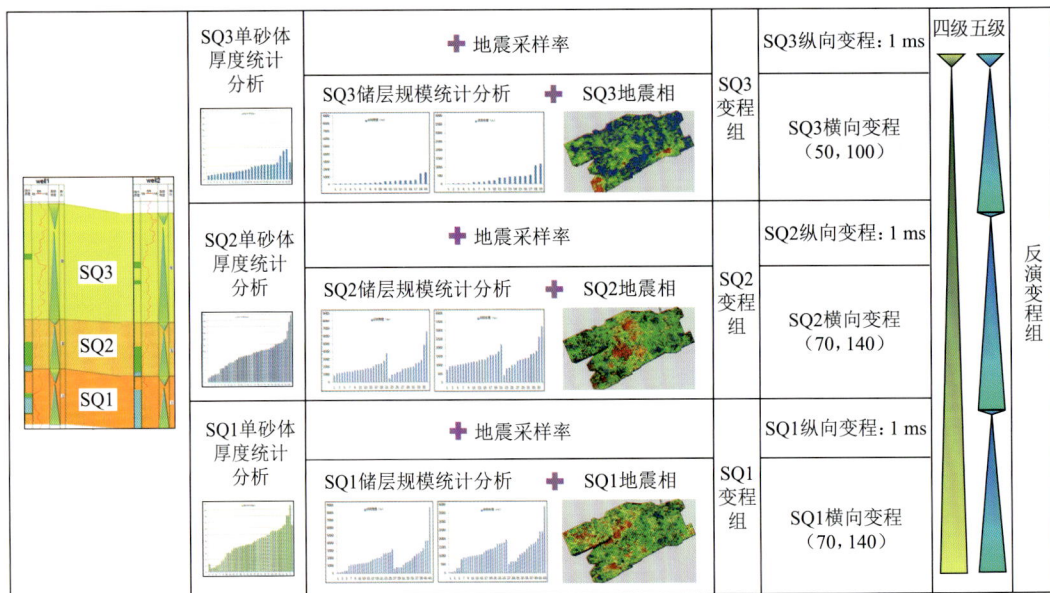

图 6-14　层序地层格架约束下基于地质信息求取的反演变程

分辨率的限制，地震响应为一峰一谷，砂体内部结构解剖存在多解。与常规 3D 地震相比，由储层地质统计学反演得到的岩性体清晰表征了 A12 井目的层砂体的空间结构形态，且这一特征与测井曲线的纵向分期特征相吻合（图 6-17），进而表明储层地质统计学反演结果提高了储层反演的空间分辨率，降低了地震解释的多解性。

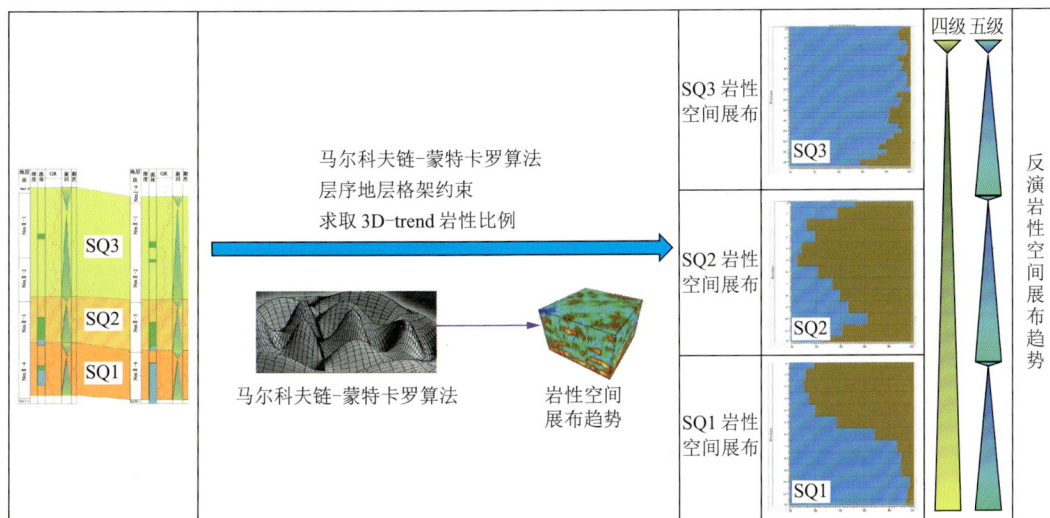

图 6-15 层序地层格架约束下基于地质信息求取的岩性空间展布趋势

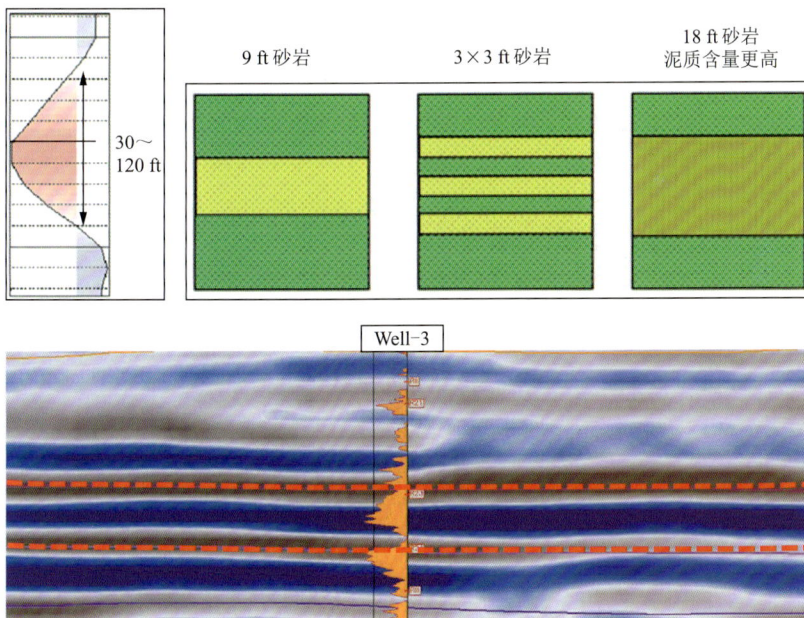

图 6-16 基于常规 3D 地震资料解剖砂体存在的多解性

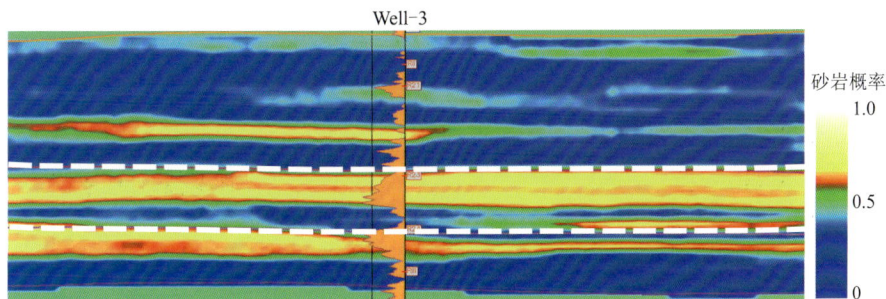

图 6-17 储层地质统计学反演砂岩概率体

四、成果应用

1. 地质统计学反演提高储层反演的空间分辨率,降低井间砂体对比分析的多解性

在连井对比分析中,测井资料具有较高的纵向分辨率,为储层研究提供了精确的地质资料,但由于河流相储层变化比较频繁,井间对比难度较大,多解性极强。实际工作中,仅依靠地质解释人员的地质认识来开展井间对比的难度较大,而这种多解性很难从常规 3D 地震资料上得到可靠的证据。

通过对比常规 3D 地震剖面和地质统计学反演岩性体剖面(图 6-18),可以清楚看到,储层地质统计学反演剖面不仅提高了地震的纵向分辨率,也使横向分辨率得到了提高,能够很好地指导井间砂体的对比,进而降低井间砂体对比分析的多解性。

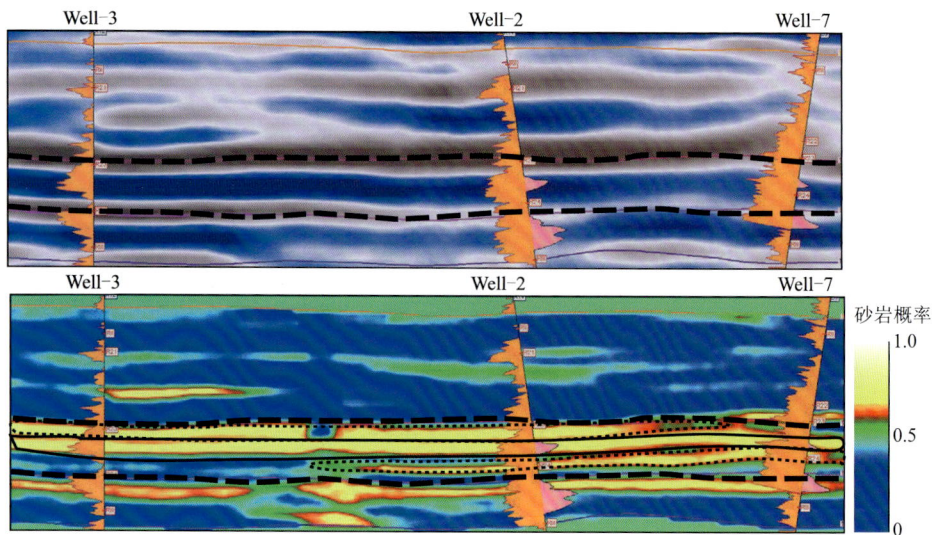

图 6-18　Well-3-Well-2-Well-7 连井地震剖面
上图为常规 3D 地震剖面;下图为地质统计学反演岩性体剖面

2. 基于层序地层的地质统计学反演准确表征储集砂体横向变化特征,指导储层空间展布分析

如图 6-19 所示,Well-3 与 Well-2 之间及 Well-5 与 Well-6 之间砂体的厚度在横向上明显具有向右侧减薄的特征,在地质统计学反演平面属性上表现为 Well-3 与 Well-2 之间及 Well-5 与 Well-6 之间振幅减弱的特征。而基于常规 3D 地震提取的地震属性,由于受分辨率的限制,很难准确刻画出储层的变化特征。

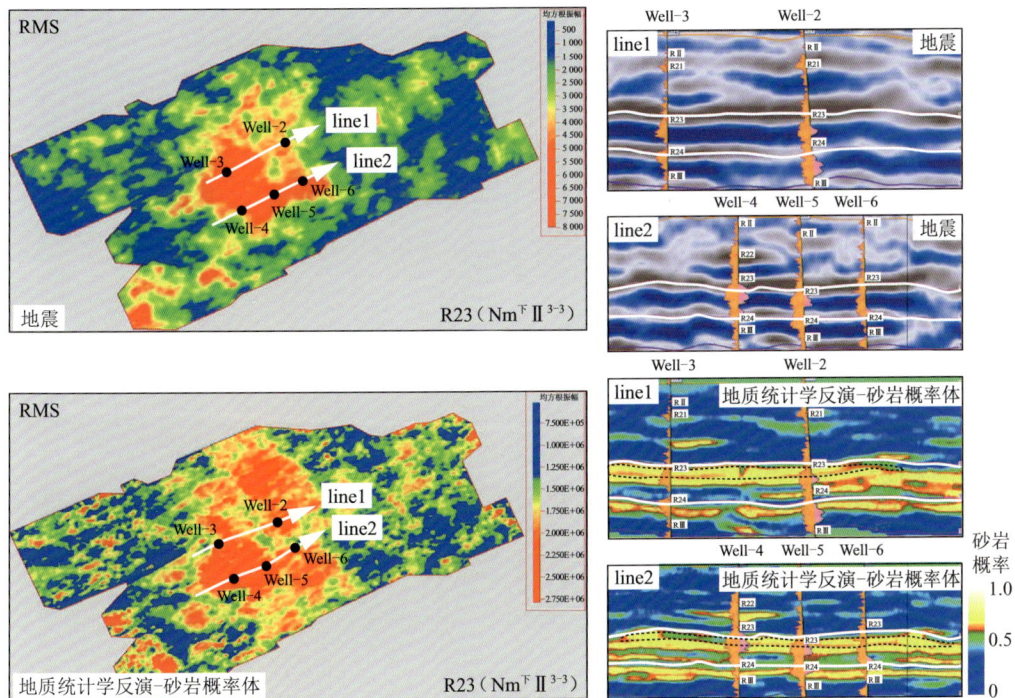

图 6-19 常规 3D 地震数据与反演数据对比分析

参考文献

边树涛,狄帮让,董艳蕾,等,2010.地质统计反演在东濮凹陷白庙气田沙三段储层预测中的应用[J].石油地球物理勘探,45(3):398-405.

邓宏文,1995.美国层序地层研究中的新学派——高分辨率层序地层学[J].石油与天然气地质,16(2):89-97.

邓宏文,2002.高分辨率层序地层学:原理及应用[M].北京:地质出版社.

邓宏文,王洪亮,祝永军,等,2002.高分辨率层序地层学:原理与应用[M].北京:地质出版社.

邓宏文,吴海波,王宁,等,2007.河流相层序地层划分方法——以松辽盆地下白垩统扶余油层为例[J].石油与天然气地质,28(5):621-627.

樊鹏军,马良涛,王宗俊,等,2017.地质统计学反演中变差函数地质含义及求取方法探讨[J].地球物理学进展,32(6):2444-2450.

范廷恩,马良涛,胡光义,等,2019.基于层序地层学的地质统计学反演[J].地球物理学进展,34(1):80-89.

韩东,胡向阳,邬兴威,等,2015.基于马蒙算法地质统计学反演的缝洞储集体预测[J].物探与化探,39(6):1211-1216.

胡光义,陈飞,范廷恩,等,2014.渤海海域 S 油田新近系明化镇组河流相复合砂体叠置样式分析[J]. 沉积学报,32(3):586-592.

黄振凯,李占东,梁金中,等,2012. 基于马蒙算法的反演及其在储集层预测中的应用[J]. 新疆石油地质,33(6):733-735.

石书缘,胡素云,冯文杰,等,2012. 基于 Google Earth 软件建立曲流河地质知识库[J]. 沉积学报,30(5):869-878.

王芳芳,李景叶,陈小宏,2014. 基于马尔科夫链先验模型的贝叶斯岩相识别[J]. 石油地球物理勘探,49(1):183-189.

王朋岩,李耀华,赵荣,2015. 叠后 MCMC 法岩性反演算法研究[J]. 地球物理学进展,30(4):1918-1925.

王雅春,王璐,2013. 地质统计学反演在杏北西斜坡区储层预测中的应用[J]. 地球物理学进展,28(5):2554-2560.

张广智,王丹阳,印兴耀,2011a. 利用 MCMC 方法估算地震参数[J]. 石油地球物理勘探,46(4):605-609.

张广智,王丹阳,印兴耀,等,2011b. 基于 MCMC 的叠前地震反演方法研究[J]. 地球物理学报,54(11):2926-2932.

LEEDER M R,1973. Fluviatile fining upwards cycles and the magnitude of paleochannels[J]. Geol Mag,110:265-276.

LORENZ J C,HEINZE D M,CLARK J A,et al.,1985. Determination of width of meander belt sandstone reservoirs from vertical downhole data,Mesaverde Group,Piceance Greek Basin,Colorado[J]. AAPG Bulletin,69(5):710-721.

第七章
储层内部非均质性评价技术

储层内部非均质性直接影响油气田的储量品质、储量动用规模、开发井网设计和生产效果,一直是国内外学者研究的重点。近10年来,随着地震技术的不断进步,井震结合的储层内部非均质性评价技术得到了广泛应用,在油气田开发生产中发挥着重要作用。

第一节 储层内部非均质性研究概况

一、储层非均质性概念

储层非均质性即储层岩石地质、物理性质的空间变化。油气储层在形成过程中受沉积环境、成岩作用和构造作用的影响,其空间分布与内部属性都存在不均匀的变化。这种不均匀变化表现在储层空间分布形态、储层岩性和厚度、储层物性(胶结程度及孔隙结构特征)、夹层的数量及厚度等诸多方面。储层非均质性是影响油气渗流能力(即孔隙性与渗透性)和采收率的重要因素。

沉积环境是影响储层非均质性的最根本因素,如同一沉积相中的不同沉积微相间储层特征(岩石成分、粒度、分选、磨圆、排列方式、基质含量及沉积构造等)就存在明显差异(图7-1),必然导致储层非均质性。成岩作用(如压实、胶结和重结晶等)控制了次生孔隙、古岩溶的分布,这些成岩作用强度不同,储层物性就存在差异,导致储层非均质性。其中,压实、胶结、交代、自生矿物形成可使孔隙减小,而压溶、溶解、重结晶等可使孔隙增加。构造作用对储层非均质性具有重要影响,宏观上通过控制沉积、成岩作用影响储层非均质性。如控制形成不同沉积地貌和构造类型,进而导致沉积和成岩差异。另外,构造作用应力可在局部形成裂缝发育带或形成不整合面。

二、储层非均质类型

在储层非均质分类研究方面,1973年Pettijohn按非均质的规模,从大到小将河流沉积储层非均质性分为层系、砂体、层理、纹层、孔隙5个层次(图7-2)。1986年,Weber在Pettijohn研究成果的基础上,考虑储层非均质性对流体渗流的作用,将储层非均质性细分为 7 种类型。

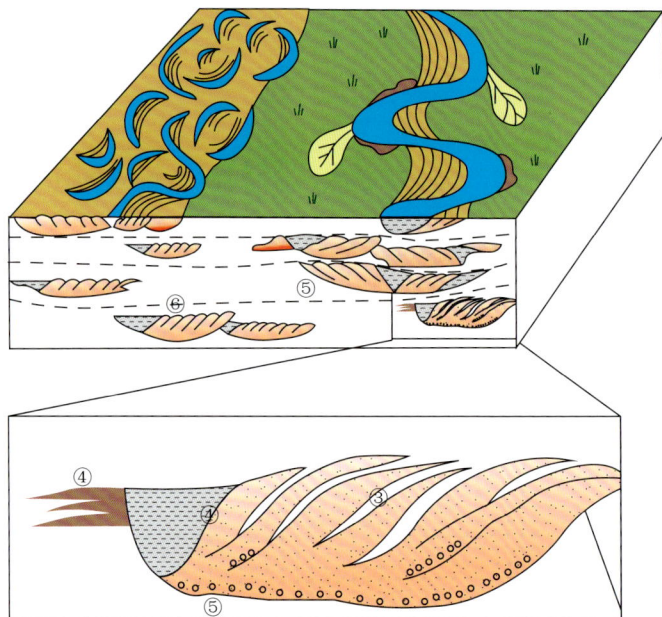

图 7-1　储层非均质性示意图

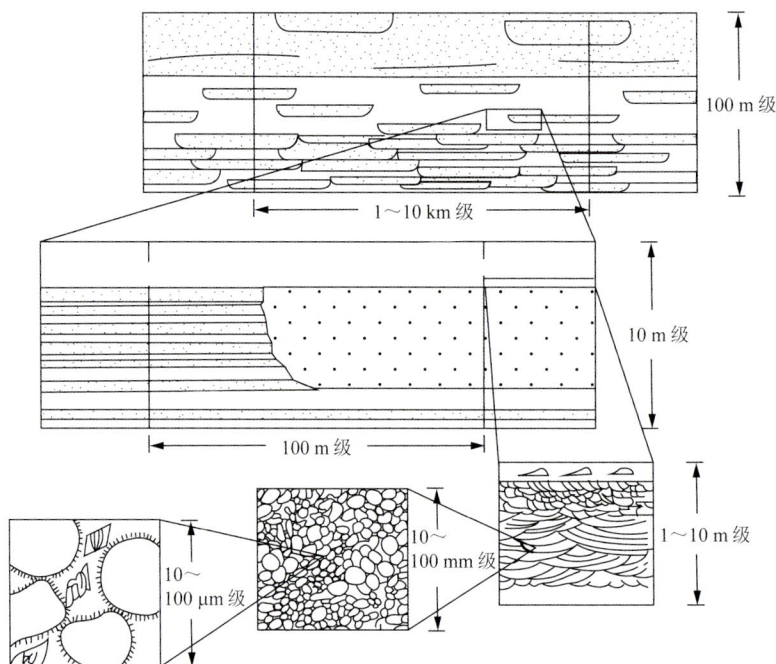

图 7-2　储层非均质性类型

在我国,考虑到油田生产的实际情况和储层规模,主要采用裘亦楠等 1992 年的分类方案,将储层非均质性分为层间非均质性、层内非均质性、平面非均质性和微观非均质性 4 种类型。该非均质性分类方案在油田科研和生产中得到了广泛应用。

（1）层间非均质性。层间非均质性即多层规模的垂向差异，指纵向上多个层间的非均匀变化，包括沉积的旋回性、层间渗透率差异、隔层和特殊类型层的发育和分布规律、层间裂缝发育情况等。层间非均质性体现了储层纵向分布的复杂程度。

（2）层内非均质性。层内非均质性即单层规模的垂向差异，指单油层在垂向上的非均质变化，包括粒度韵律性、层理构造序列、渗透率（高渗透段位置）、层内不连续薄夹层分布等。

（3）平面非均质性。平面非均质性即单层规模的平面差异，包括砂体几何形态、规模、连续性、连通性、平面孔隙度和渗透率的变化及方向性。

（4）微观非均质性。微观非均质性即孔隙规模的微观差异，包括孔隙非均质、颗粒非均质和填隙物非均质。孔隙非均质主要指微观孔隙结构的差异；颗粒非均质主要指颗粒结构及矿物学特征变化；填隙物非均质主要指填隙物的含量、矿物组成及敏感性等。

三、储层内部非均质研究方法

储层内部非均质性是储层研究的核心内容。早期主要研究储层特征及非均质性描述，通过对储层构造、沉积和成岩三大影响因素的具体分析，分层次评价储层非均质性的强弱，并构建相应的非均质模式，后来根据生产实际需要，研究内容扩展到储层非均质性对油气成藏和剩余油的影响。

储层内部非均质性研究方法主要包括高分辨率层序地层学分析法、储层流动单元研究法、储层地质建模分析法、生产动态分析方法和地震预测的方法（许宏龙等，2015；陈欢庆等，2017）。随着油藏地球物理、高分辨率层序地层学、定量地质学、地质统计学、地质建模及岩石物理实验等相关理论和技术的不断进步，储层内部非均质性的研究方法与技术也得到了快速发展，由早期的定性研究逐渐走向精细化和定量化。

1. 高分辨率层序地层学分析法

高分辨率层序地层学分析法以三维露头、测井数据、岩心和地震资料为基础，应用层序划分和对比技术，逐级建立成因地层对比格架，进而对储层和隔夹层分布进行预测（邓宏文，1995）。层序地层学方法一方面可以为非均质性研究提供高精度的等时地层格架；另一方面，通过分析不同级别的基准面旋回可以对储层非均质性的成因有更深入的理解，如砂体在空间的分布规律、纵向上的沉积旋回和韵律等，充分体现非均质性的成因机制。该方法已广泛应用于储层内部宏观和微观非均质性研究（张世广等，2009；梁宏伟等，2013）。

2. 储层流动单元研究法

储层流动单元的概念是 Hearn 等在 1984 年提出来的，国内学者主要从流动单元特征、划分方法等方面对储层流动单元进行研究，并取得了大量的成果（岳大力等，2008）。流动单元的研究方法主要分为两大类：一类以地质研究为主，包括沉积相法、层次分析法、非均质综合指数法(李祖兵等,2007)等；另一类以数学手段为主,包括流动分层指标(FZI)法、孔喉几何形状(R35)法、生产动态参数法、多参数综合法等。目前,流动单元研究总的趋势是与储层构型、三维储层建模、油藏数值模拟及剩余油等进行结合,以提高储层非均质性的认识程度。

3. 储层地质建模分析法

储层地质建模是一种可视化方法,能比较直观地反映储层内部的结构,并完成对储层各级别非均质性的刻画。经过 20 多年的发展,我国储层地质模型的建立取得了长足的进步,从手工作图到三维可视化地质模型,进而实现了可供数值模拟的地质模型。近年来,随着定量地质学的发展及储层地质知识库的完善,地质模型的建立更加准确(魏嘉,2007)。如今相控建模已成为一种理念,地质模型已进入了分类建模阶段(贾爱林,2011)。储层非均质性研究中应用最多的是随机建模技术,它可以用来对油田井网控制不住的区域进行预测和不确定评价。

4. 生产动态分析方法

各种生产动态信息直接反映了储层非均质性发育的强弱程度,因此生产动态分析方法从动态角度为静态的储层非均质性研究提供了一种有效途径(任颖等,2016)。生产动态数据本身不能实现储层非均质性的直接刻画,如无法利用生产动态数据完成隔夹层的识别,但是生产动态数据可以对利用测井方法等其他方法识别的储层优势通道和隔夹层等储层非均质性进行验证(丁帅伟等,2015)。影响储层非均质性的因素较多,故实际应用中容易产生偏差。

5. 地震预测的方法

随着高分辨率地震技术的快速发展和应用,地震预测方法不但能通过地质成因、层序地层学和地震相的解释研究宏观储层非均质性(范廷恩等,2006,2012；胡光义等,2013；范洪军等,2014),而且可以基于井约束的高精度反演和时移地震信息进行储层物性非均质性定量表征(范廷恩等,2006；董建华等,2011；闵小刚等,2011)。该方法实际应用效果主要受储层地质条件和基础资料品质制约,还需不断提高地震资料品质,并与储层沉积模式及生产动态信息进一步融合。

第二节　地震识别尺度的储层非均质性分析

对于低于地震分辨率的薄储层非均质性研究,地震识别率理论和解释技术具有重要现实意义和作用。根据近年来高分辨率地震采集、处理和解释技术发展情况,地震识别尺度的储层非均质性主要包括层系和复合砂体的层间及平面宏观非均质性。

一、层间非均质性地震分析

对于国内以陆相沉积为主的油气藏,特别是河流相油田,其砂体横向厚度变化快,纵向多期叠置切割,储层内部多种类型隔夹层发育,对储层内部流体运动具有遮挡作用,导致强烈的层间非均质性。因此,层间非均质性预测的重点是解决一个开发层系内储层空间叠置样式变化情况以及作为隔层的泥质岩类的发育规律。根据地震识别率理论,结合储层构型解剖和沉积成因分析隔夹层地质特征,通过以砂控泥的隔夹层分析、以泥控砂的薄砂岩预测和切片演绎地震相分析等技术实现层间非均质性预测。

根据渤海中南部地区明化镇组河流相油田开发阶段研究结果(闵小刚等,2011;夏同星等,2012),储集砂体可划分为堆叠型、侧叠型和孤立型3种砂体构型,以及堆叠型、密接触侧叠型、疏散接触侧叠型、离散接触侧叠型、下切侵蚀河道孤立型、决口扇孤立型、孤立河道7类样式。通过地震正演模拟,分析砂体尖灭、切割叠置以及存在泥岩隔夹层等变化部位的地震响应特点,总结泥岩隔夹层敏感地震属性组合特征,从而有效指导层间非均质性地震分析。

1.堆叠型砂体隔夹层分析

堆叠型砂体河流水体能量大,沉积物负载量大,垂向上表现为复合河道砂体,平面上为泛连通结构。不同期次、不同级次砂体叠置,砂体内部发育各种形式的冲刷面(图7-3),局部残留薄的泥质隔夹层。砂体在侧向上和垂向上彼此切割和叠置,呈多层叠置复合形态。河道频繁摆动迁移,形成复合河道带,在井间横向延伸相对较大。整体呈现复合韵律,内部互层砂体分布。

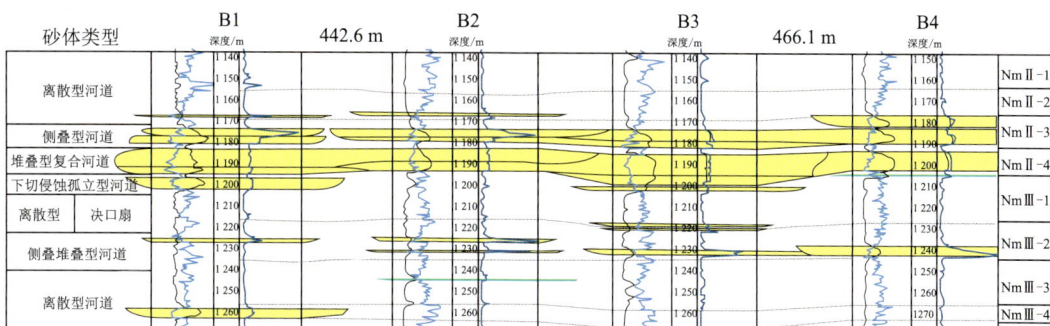

图 7-3　渤海某油田明化镇组河流相堆叠型砂体特征

对于堆叠型砂体,在相对可容纳空间充足的情况下,两期砂体在垂向上呈分离型,主要发育厚度相对较大、横向分布稳定的泥岩隔夹层,厚度在5～10 m之间,地震上可识别(图7-4)。对侧叠接触型砂体,两期砂体之间形成范围较小、厚度较薄的隔夹层,厚度在2～5 m之间,在地震上可部分识别。厚度小于2 m的隔夹层,地震上不可识别。

总体上,堆叠型砂体地震响应波峰比较稳定,波形及能量变化不明显,但波谷拉伸明显。当泥岩隔夹层相对较薄,砂岩叠置调谐为一个波形地震响应。地震属性振幅类相对最大,能量类中等偏高,而频率类属性相对较小,约为整个属性值变化范围的 1/3,反映砂体叠置。

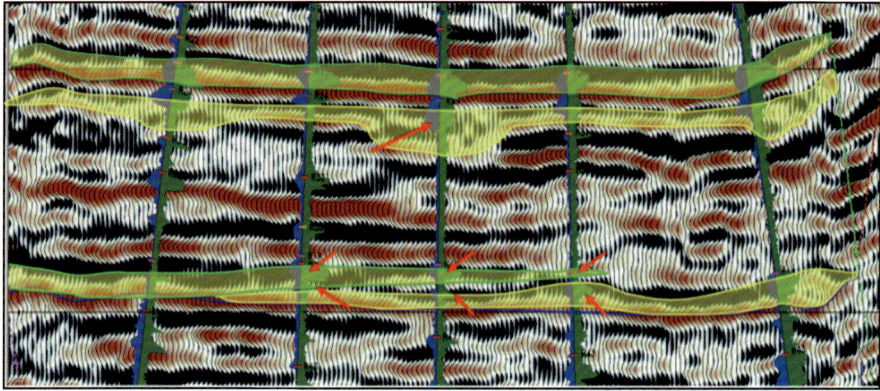

图 7-4 堆叠型砂体隔夹层地震响应分析

2. 侧叠型砂体隔夹层分析

当河道弯曲度增大时,以大规模侧向增生为主,底界面以低角度增生面为界。单砂体规模变大,河道呈大规模冲刷充填,砂体呈透镜状、板状。河道迁移摆动能力相对较强,砂体散布于细粒泛滥平原沉积内,形成连片状河道砂体,剖面垂向上呈侧向叠置,横向迁移增生,侧向连续性较好,河道砂体依次相互搭接,砂体横向规模发生一定变化,反映河道规模的变化(图 7-5)。地震剖面上反射同相轴相连,但是波形有所变化(图 7-6),河道砂体相互切叠的部位通常会发生地震反射轴"变胖""错位"以及地震波振幅"变强"的现象。这些现象通常指示河道在此处发生了彼此切割,砂体相互叠置。测井上表现为明显上下分布特征,形成钟状尖峰型高阻。侧叠型砂体最显著的特征是河道在横向具有一定方向的迁移性。

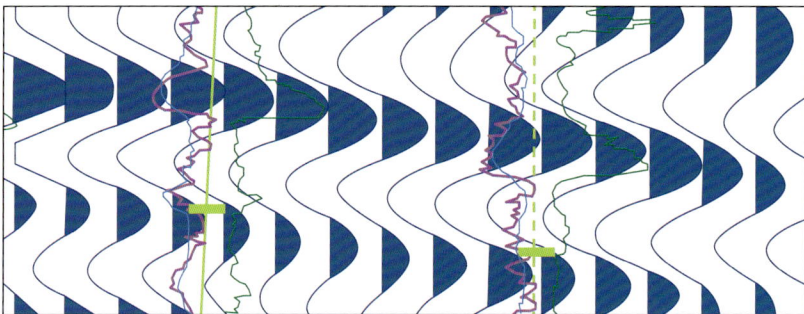

图 7-5 渤海某油田明化镇组河流相侧叠型砂体特征

紧密接触型侧叠砂体可容纳空间相对较小,侧向连续性较好,河道砂体横向依次分布,彼此相互切割。砂体呈侧向切叠式,表明在相对小的可容纳空间下砂体的强烈侧向迁移。此时隔夹层厚度小且分布范围有限,地震难以识别(图 7-6)。

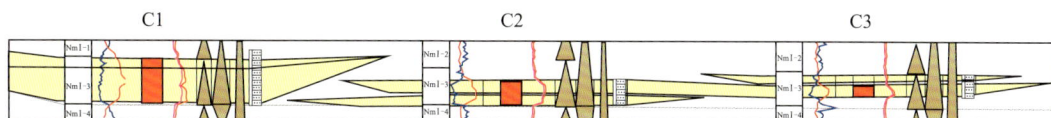

图 7-6　渤海某油田 C1-C2-C3 井连井侧叠型-紧密接触型砂体特征

疏散接触型侧叠砂体可容纳空间增加,河道侧向迁移能力变弱,砂体与砂体之间有泥质隔夹层存在。河道砂体平面上呈宽条带状分布,侧向连通性变差(图 7-7)。

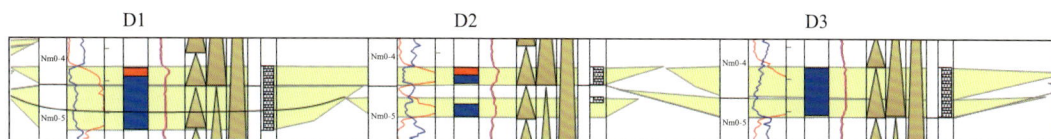

图 7-7　渤海某油田 D1-D2-D3 井连井侧叠型-疏散接触型砂体特征

侧叠型砂体河道弯曲度增大,形成彼此孤立、横向上受限的河道。整体上呈现多期河道相互叠加,河道间有明显的隔夹层。河道砂岩相的多样性增加,具紧凑的内部结构。当厚层砂体叠置形成侧叠型砂体时,隔夹层厚度较薄,受干涉影响,地震表现为单一波峰—波谷,隔夹层较难识别,整体能量与单期厚砂岩能量相当(图 7-8)。振幅类属性与频率类属性在叠置情况下属性值相对最大,弧长属性值相对中等,而频率类属性值相对较小。当薄层与厚层叠置,由于隔夹层较薄,整体能量相比单期薄砂岩明显减弱,振幅类属性与频率类属性在此叠置情况下属性值相对中等。因此,振幅类、频率类地震属性能够直接反映反射系数(速度、密度)变化,用于描述储层变化,优选振幅类属性来刻画隔夹层的分布范围。

图 7-8　侧叠型砂体隔夹层地震响应分析

二、平面非均质性地震分析

单层厚度通常都小于传统地震极限分辨率,但地震横向分辨率的优势对单层规模的平面非均质性地震分析具有重要作用。通过高精度反演及精细解释技术能够有效认识砂体几何形态、规模、连续性、平面孔隙度的差异和变化。

以河流相储层为例,平面上河道迁移摆动,形成复杂的交错和接触关系。储层中由于沉积作用、成岩改造及构造运动等因素形成砂体尖灭、砂体叠置、物性变化及小断层等储层内部非连续性(李辉等,2017)。通过正演模拟,分析储层非均质性的地震响应特征(包括振幅、频率、相位等特征),可以为实际地震资料的综合解释提供重要指导和依据。

参考渤海地区明化镇组砂岩储层参数,建立砂体正演模型。模型中设计在地下真实河流相储层沉积过程中可能存在的各种河道接触关系(图 7-9)。模型中河道砂体宽度为 300~500 m,厚度为 6~8 m,河道间砂体宽度为 500~800 m、厚度为 2~3 m,河道砂岩速度为 2 450 m/s、密度为 2.1 g/cm³,河道间砂岩速度为 2 520 m/s、密度为 2.15 g/cm³,泥岩速度为 2 650 m/s、密度为 2.25 g/cm³。采用 35 Hz 的雷克子波对模型进行正演,正演地震数据采样间隔为 1 ms,得到正演地震剖面(图 7-10),并基于模型正演地震记录研究储层内部非均质性的地震响应特征。

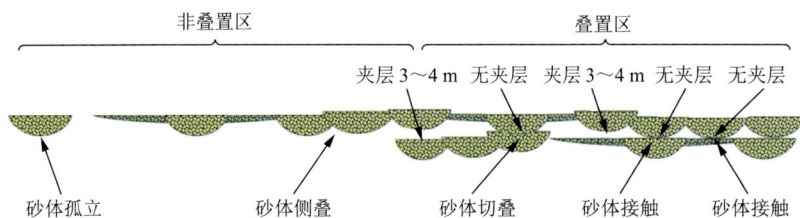

图 7-9　河流相储层砂体正演模型

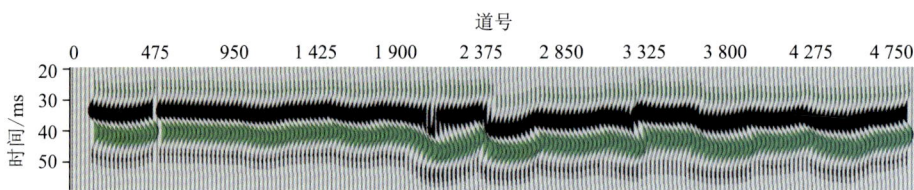

图 7-10　图 7-9 中模型正演地震剖面

地震正演模拟表明,砂体侧向边界处的振幅出现由强到弱的变化,波形出现扭变或拉伸,波峰与波谷的位置上下移动或相变。低频、弱振幅是夹层的响应特征,夹层空间位置的变化引起波形形态的改变。优选能够反映砂体侧向边界的振幅、波形和频谱类地震属性进行融合,并进行差异放大等针对性处理,以表征储层平面非均质性。

第三节　非均质性定量评价

目前基于地震信息,通过井震结合能够对储层厚度、连续性、孔隙度以及隔夹层厚度等非均质性参数进行定量评价。由于这些参数的尺度都低于地震分辨能力,通常需要谱分解和神经网络方法来实现。

一、地震谱分解技术

地震谱分解技术是一项基于频率的储层检测技术,通过离散傅里叶变换(或最大熵方法)将地震数据由时间域转换到频率域,转换后产生的振幅谱可识别地层的时间厚度变化。

1. 最大熵谱分解原理

地震谱分解技术基于时频信号分析理论,沿层或沿固定时窗将地震数据体由时间域转换到频率域。它提供了一种在频率域分析、解释地震资料的新途径。按不同的坐标索引,可以计算调谐体、时频体和单频体等(董建华等,2007;许平等,2012;赵卫平,2016),如图 7-11 所示。

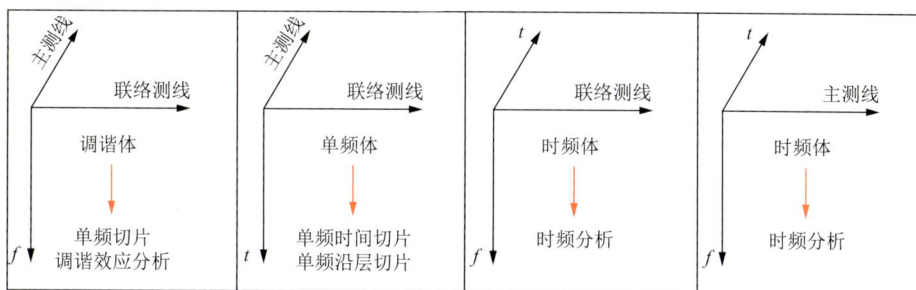

图 7-11　谱分解数据体显示方式对比

Amoco 石油公司的 Partyka 等(1999)利用短时傅里叶变换(STFT)对三维数据体进行频谱成像,通过谱分解研究薄层变化,形成了地震谱分解技术。随后,各种谱分解方法应运而生,包括傅里叶变换(DFT)、短时傅里叶变换(STFT)、最大熵法(MEM)、连续小波变换(CWT)、S 变换、广义 S 变换等以及一些改进的算法。连续小波变换和 S 变换法等多用于求取单频体。单频体一般通过分频扫描定性分析地质现象,如沉积相划分、地质体边缘检测、断裂系统研究等(周仲礼等,2010;边立恩等,2011;马跃华等,2015)。

在众多谱分解算法中,求取调谐体的方法仅限于离散傅里叶变换和最大熵法,但傅里叶变换不能精确刻画任一时刻的频率成分,无法对地震信号进行全面细致的分析。最大熵法是对信号的功率谱密度进行估计的一种方法,1967 年由 J. P. 伯格提出。其原理是取一组时间序列,使其自相关函数与一组已知数据的自相关函数相同,同时使已知自相关函数以外的部分随机性最强,以所取时间序列的谱作为已知数据的谱估值。

地震数据是相对平稳的离散时间序列,其功率谱密度是自相关函数的傅里叶变换,一般的功率谱估计假定采集的有限数据之外的数据为零,再通过傅里叶变换计算功率谱,这会导致分辨率低、出现旁瓣等问题。最大熵谱分解的思想是对现有数据以外不做额外假设,以未知部分具最大熵、计算时窗内的自相关函数满足已知信息要求为基础,采用熵最大原则外推自相关函数,得到高精度的功率谱(赵成林等,2010;赵卫平等,2018)。

最大熵谱分解的功率谱 $P(f)$ 表达式为:

$$P(f) = \frac{\sigma^2}{\left|1 + \sum_{k=1}^{p} a(k)e^{-j2\pi fk}\right|^2} \tag{7-1}$$

式中　$a(k)$——p 阶线性预测滤波器的系数；

　　　p——预测滤波器的阶，即滤波窗口大小；

　　　σ^2——预测滤波器的预测误差功率；

　　　f——频率。

相对于傅里叶变换，最大熵谱分解适合于非常薄的地层。最大熵法在分析调谐厚度或低于调谐厚度时比傅里叶变换更有用，其最大优势是能拟合出谱特征尖锐的部分，如河道。

谱分解薄层厚度预测技术主要是基于 Widess 提出的厚度调谐原理。Partyka 等研究表明，进行频谱分解后，某一厚度的薄层调谐反射在频率域的某个特定频率的振幅图中更加明显，如图 7-12 所示。原理是对于不同厚度的地层，其调谐频率不同（图 7-12a）。反之，利用该关系可以得到不同时间厚度下振幅与频率的关系（图 7-12b）。

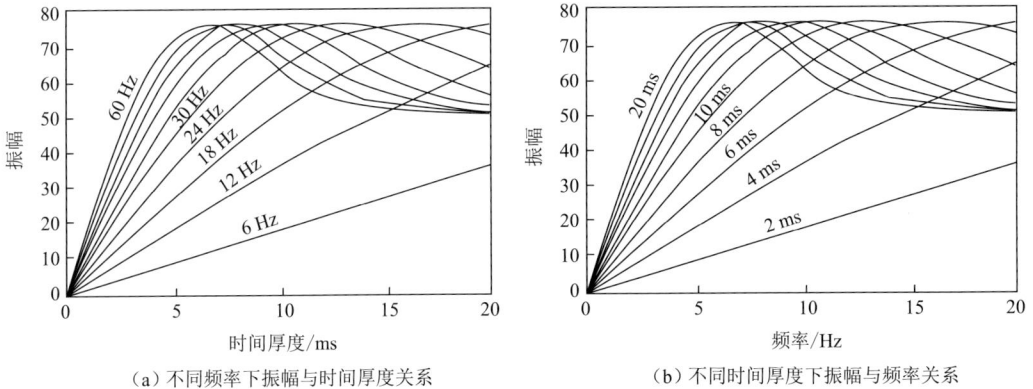

（a）不同频率下振幅与时间厚度关系　　　　（b）不同时间厚度下振幅与频率关系

图 7-12　振幅与时间厚度在不同频率的调谐曲线

因此，可以依据上述原理预测薄层的厚度。地层时间厚度由 Rayleigh 准则导出，调谐厚度计算公式为：

$$\Delta h = \lambda / 4 \tag{7-2}$$

式中　λ——子波波长；

　　　Δh——调谐厚度。

$$\lambda = vT = v/f \tag{7-3}$$

式中　T——单程旅行时（周期）；

　　　v——速度；

　　　f——子波频率。

由上述公式可以得到地层调谐厚度计算公式为：

$$\Delta h = v/(4f_0) \tag{7-4}$$

式中　f_0——调谐频率。

应用最大熵法计算得到调谐体，并求取调谐频率（高频对应薄层响应，低频对应厚层响应),与井点厚度进行匹配,最终预测薄层厚度。

2. 储层厚度预测

作为一种地震属性,调谐频率可直接与井上的砂体厚度参数交会,在井点处找到函数关联。两者之间理论上是线性关系,实际上由于储层内部调谐效应的复杂性以及井点解释的砂岩厚度统计误差等因素,两者之间并非线性关系。可以通过应用地质统计学方法,采用神经网络、协克里金等方法拟合两者之间的关系,实现地震资料与测井资料联合对砂体厚度的平面分布进行定量预测(黄真萍等,1997;袁春燕等,2016)。调谐频率适用于定量研究相对较薄地层的干涉效应。

当然,调谐效应并不能无限制地分辨薄层,它也受地震资料本身带宽的限制。另外,由于实际地下地层变化的复杂性、子波的调谐效应等因素,不能完全依赖分频技术对砂体的厚度进行完全准确的定量预测,而应当将它作为一种对地层厚度非常敏感的属性,综合地质和测井信息,应用其他地球物理手段来达到对储层内部砂体展布特征的定量描述。

二、BP 神经网络方法

BP 神经网络又称误差反向传播神经网络,是一种有监督的神经网络学习算法,可以实现在已知物性样本的前提下对储层物性参数进行估算。

利用 BP 神经网络分析技术进行储层参数估算的过程为:选取若干口具有代表性的已知井,利用井旁道的地震属性作为训练样本,以井的储层参数作为训练的期望输出进行学习,直至满足误差要求,然后用学习到的映射关系求取预测区的储层参数值。该方法适用于在有一定数量已知井的情况下对储层物性参数的定量分析和预测。

1. 建立属性样本

属性样本是根据井或已知信息建立的用于学习训练的数据,可分为类别样本(定性)和物性样本(定量)。类别样本主要有含油气类型、岩性类型和地质体类型等定性化的参数,用于油气预测、岩性预测和地质体识别等。而物性样本主要有砂泥岩百分含量、孔隙度、渗透率、储层厚度等定量化参数,用来预测储层的物性参数。由于样本是 BP 神经网络分析学习训练的基础数据,直接影响预测结果,所以要求样本数据可靠且具有代表性。

为了使训练结果准确地反映储层的内在规律,要求样本数量尽可能多。同时,由于井点样本数量有限,用几个或几十个井点的样本预测工区几万甚至是几百万的数据点,精度难以保证。所以在建立属性样本的过程中,对于样本点的线道范围可进行必要的修改。

2. 地震属性提取及优选

地震属性提取主要是在井震特征标定和岩石物理分析的基础上,利用地震精细解释格架层位或切片进行提取。属性提取主要考虑时窗内的样点数来满足属性提取算法的要求,一般要求大于 20 个样点。若时窗内的样点不足,应对原始地震数据进行小间隔重采样,以保证提取的属性准确可靠。

由于地震属性与所预测的研究对象之间为多元非线性的对应关系,当地质条件较复杂、地震资料信噪比或分辨率较低时,难以选择合适的地震属性,特别是有些地震属性相互之间包含一些相关的特征,或在研究目标和物理成因上不具有相关性。因此,需要在众多地震数据中根据样本优选出恰当的地震属性,并利用相关系数交会分析图和多属性交会图,根据相关系数的大小查看属性之间、属性与样本之间的相似程度。

3. BP神经网络分析

地震属性多种多样,不同的地震属性反映储层的不同特征,每一种属性只是储层部分特征参数的地球物理响应,并不能反映储层的整个性质特征。为了较好地解决单一属性的局限性问题,最大限度地克服使用单一属性的盲目性,研究人员通常采用多属性分析技术来有效提高储层预测精度。

地震属性模式识别是利用模式识别方法对多属性进行综合分析的一种方法,可用于地震相分析、储层预测、油气检测和储层物性参数预测等。根据所采用的方法不同,地震属性模式识别可分为统计模式识别方法和 BP 神经网络方法。

BP 神经网络结构由输入层、隐层、输出层组成。其中,隐层数和隐层节点数是 BP 神经网络分析的关键参数。一个隐层可以映射所有的连续函数,只有当学习不连续函数时才需要两个隐层。通常先考虑一个隐层,只有当一个隐层的节点数很多但不能改善网络性能时才考虑增加一个隐层。而采用两个隐层结构时,通常情况下第一个隐层设置较多节点,第二个隐层设置较少节点,以有利于改善 BP 神经网络的性能。隐层节点数太少,网络从样本中获取的信息能力就差,不足以体现训练样本的规律;隐层节点数太多,又可能将样本中非规律性的内容也参与学习,出现过度吻合现象。因此,选择合适的隐层数和隐层节点数对 BP 神经网络分析至关重要。

BP 神经网络通过样本学习实现复杂的非线性映射关系,从而实现在已知物性样本的情况下估算储层物性参数。

第四节　应用实例

一、研究区概况

A 油田为尼日利亚深水油田,平均水深 1 300~1 400 m。区域构造上,A 油田位于西非盆地构造过渡(转换)带上。总体构造是一个由泥底辟作用形成的大型背斜(图 7-13),拱张断层十分发育,使构造形态进一步复杂化。根据钻井资料,主力含油层系为第三纪中晚中新世的深水浊积扇沉积,具体可分为两套主要油气聚集层段(图 7-14)。其中,上部岩性油藏,储层为多期叠置深水浊积水道砂体;下部构造油藏,储层为深水河道化的朵叶状/席状砂体。

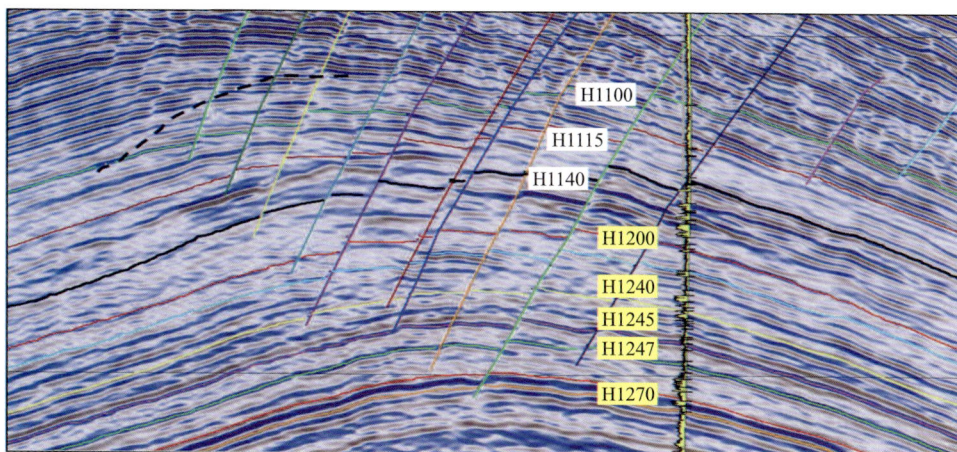

图 7-13 A 油田过井地震剖面图

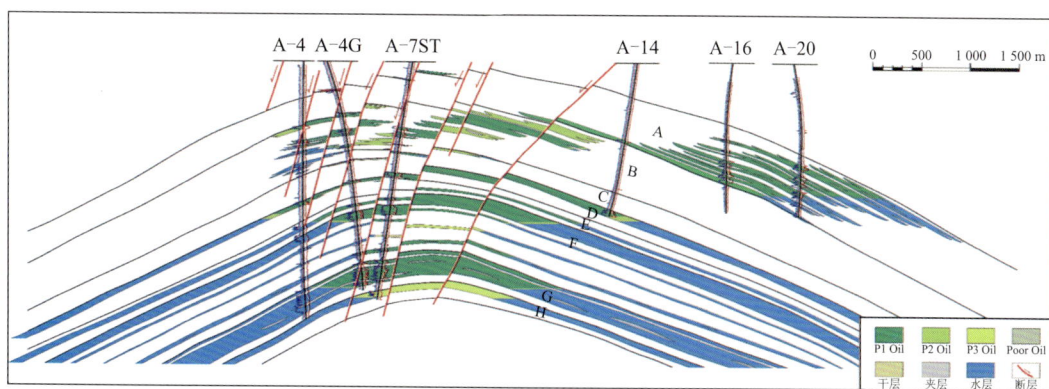

图 7-14 A 油田连井油藏剖面图

上部 A 和 B 油组为浊积水道砂体,下部 C、D、E、F、G 和 H 为朵叶状沉积砂体

含油层段上部 A 和 B 深水浊积水道沉积由一套低频强振幅波组组成。含油层段下部 C、D、E 和 F 油组为深水扇朵体沉积。其中,C 油组薄,地震识别难度大;D 油组顶面对应一强振幅波峰反射,横向连续性好;E 和 F 油组由一套中-高频、中-强反射波组组成,连续性差。

浊积水道砂岩储层岩性主要为细—粗粒砂岩,成分以石英和长石为主,具有中孔、中高渗的储集物性特征。浊积水道侧向迁移快,储层厚度横向变化较大,井间储层连通关系直接影响油田开发效果。深水浊积朵叶状/席状砂体垂向上发育隔/夹层,平面上的连续性受河道化影响明显。总体上,浊积水道和朵叶状/席状砂岩储层都体现出较强的非均质性。

二、储层岩石物理特征分析

岩石物理分析是储层表征研究的前提和基础,是合理选择储层研究技术和方法的主要依据。A 油田测井解释结果表明,砂岩具有高纵波速度和低密度特征,泥岩为低纵波速度、高密度,纵波阻抗基本不能识别岩性(图 7-15)。近年几内亚湾(Guinea Gulf)的深海浊积扇储层研究结果也表明,用纵波阻抗很难将砂岩从泥岩中区分出来。因此,研究中采用多属性分析技术对储层参数进行定量表征。

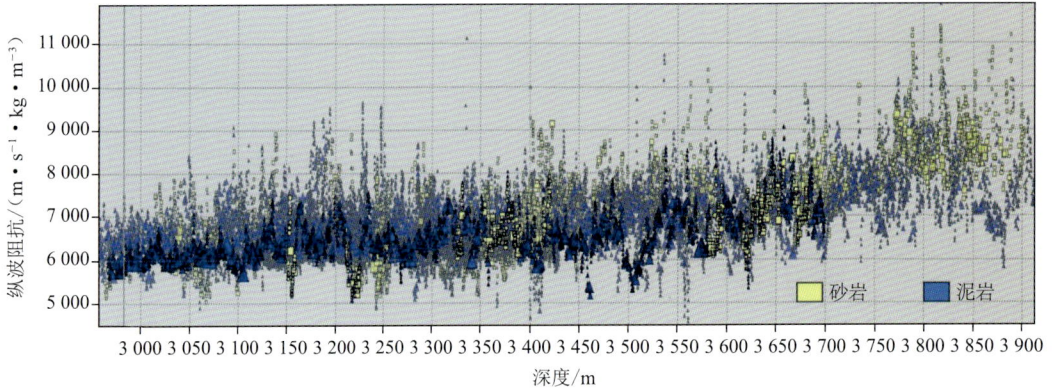

图 7-15　A 和 B 油藏岩石物理分析图

三、储层平面非均质性分析

由于研究区井少且井距大,根据开发生产的需要,以岩石物理分析为基础,通过地震多属性分析,重点开展地震识别尺度的储层非均质性研究工作,合理预测储层厚度和物性的平面分布以及隔夹层发育情况。

1. 储层厚度平面分布预测

根据连井地震剖面,A 和 B 深水浊积水道砂体呈透镜状,垂向上有多期叠置,具强振幅地震响应特征(图 7-16)。因此,利用 A 和 B 油藏内部各小层外包络解释层位提取层间地震振幅类属性,研究其平面分布特征,并对提取的地震属性和地质统计参数(砂地比)进行相关分析和优选,最终确定总振幅强度(Sum Magnitude)、均方根振幅(RMS Amplitude)、平均振幅强度(AVG Magnitude)和最大振幅强度(MAX Magnitude)四种地震属性为 A 和 B 油藏储层参数砂地比的敏感属性集。从图 7-16 可以看出,A 油藏 AU2 小层沿层间提取的地震属性很好地反映了浊积水道的从北向南展布的地质特征,并且与目前钻井砂地比统计结果相关性很好,相关系数达 0.8。

研究过程中,利用已经确定的 A 和 B 油藏各小层的敏感属性集,结合井点上统计的各小层的砂地比信息,通过神经网络技术(GeoFrame 综合解释软件中的 LPM 模块)进行非线性外推,实现对各小层砂地比参数的定量表征。而各小层的砂地比与其地层厚度相乘即得到砂岩储层厚度预测结果。

图 7-17 和图 7-18 分别为 AU2 小层的砂地比和砂层厚度预测结果。从砂层厚度图可以看出,浊积水道砂体总体上呈北东向条带状展布,但存在多个局部储层发育区,清楚反映了砂体厚度平面变化特征。

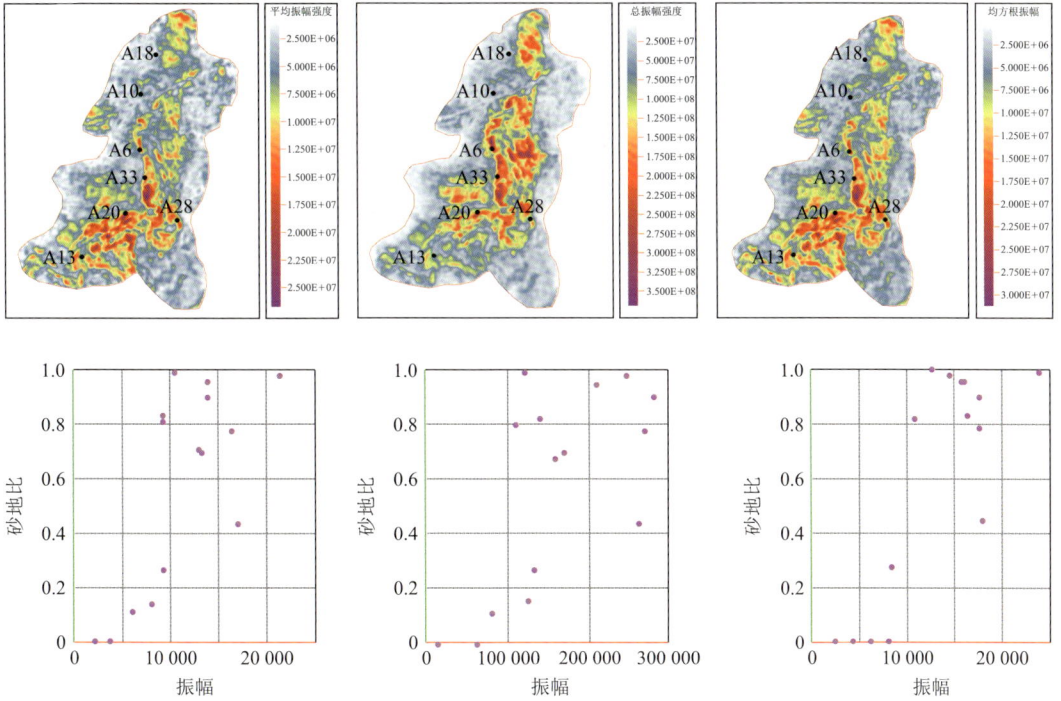

图 7-16 AU2 小层敏感属性图及其与砂地比相关分析图

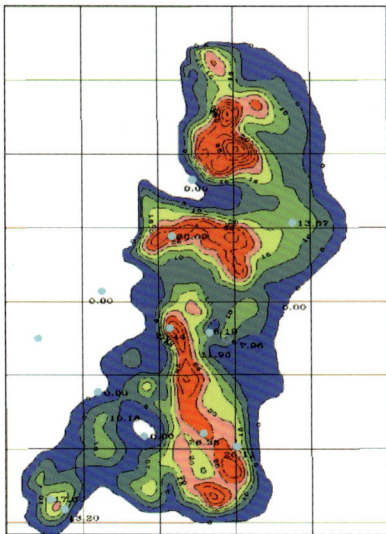

图 7-17 AU2 小层砂地比图

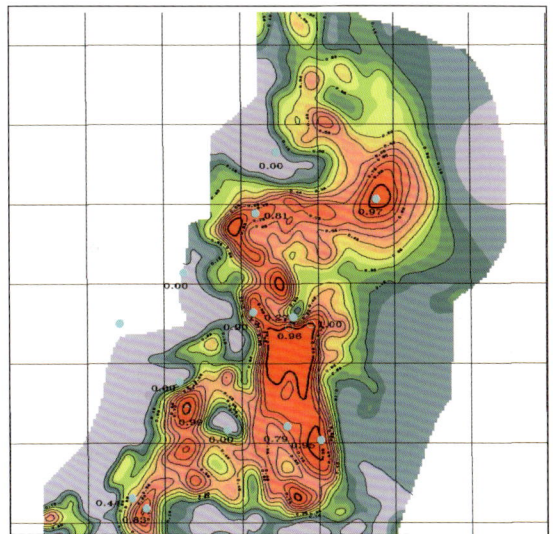

图 7-18 AU2 小层砂层厚度图

2. 储层物性平面分布预测

根据研究区测井解释结果,伽马曲线能够很好地区分砂泥岩。通过交汇分析认为砂岩具有高纵波速度和低密度特征,泥岩具有低纵波速度和高密度特征,砂泥岩纵波阻抗相互叠置,如图 7-19 所示。因此,常规纵波阻抗反演方法无法完成储层的岩性识别和储层物性描述。

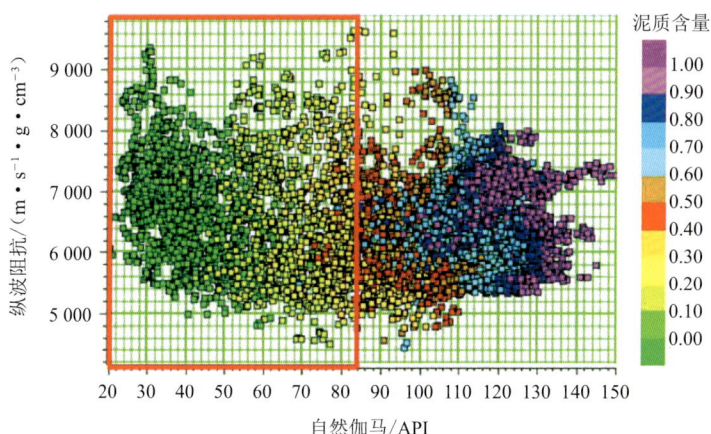

图 7-19 纵波阻抗-自然伽马交会图

同时,进一步的交汇分析表明,该油田储层具有高孔隙度特征,可以很好地描述储层的岩性和物性特征,如图 7-20 所示。因此,可以采用多属性反演方法反演有效孔隙度特征参数来进行储层岩性和物性的精细描述,以解决砂泥岩纵波阻抗相互叠置条件下的岩性识别及物性描述问题。

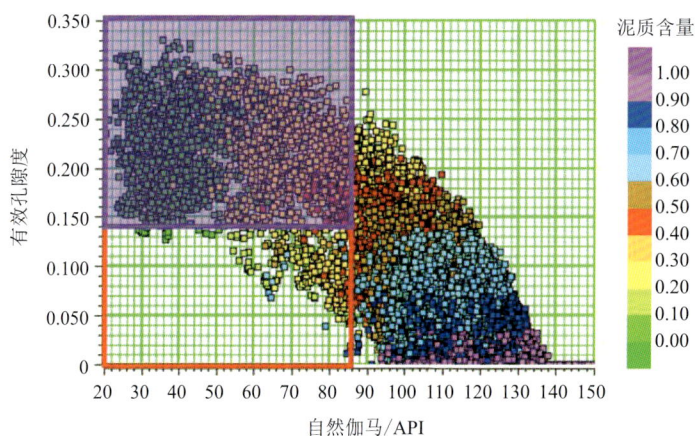

图 7-20 有效孔隙度-自然伽马交会图

采用"步聪法"优选的敏感属性组合如表 7-1 所示,在此基础上采用概率神经网络多属性反演方法对 A 油田 A 油藏有效孔隙度储层参数进行反演。

表 7-1 "步聪法"优选的敏感属性组合表

序　号	目　标	优选属性
1	Effective Porosity	Integrated Absolute Amplitude(AI-full)
2	Effective Porosity	Integrated(AI-full)
3	Effective Porosity	Integrated Absolute Amplitude

序　号	目　标	优选属性
4	Effective Porosity	Amplitude Weighted Phase(AI-full)
5	Effective Porosity	Amplitude Weighted Cosine Phase(AI-full)

　　对反演预测的有效孔隙度和井点处实测的有效孔隙度进行交会分析,发现反演的有效孔隙度与实测的有效孔隙度有很好的相关性,如图 7-21 所示。选取 A-20 井作为检验井,分析发现在横切水道的孔隙度过井剖面图上砂体呈透镜状分布,具有明显的高孔隙度特征,且各主要砂体的高孔隙度指示特征与测井显示特征基本吻合,如图 7-22 所示。综上分析,认为概率神经网络多属性反演的有效孔隙度结果可靠,可以用于进一步的储层特征描述。

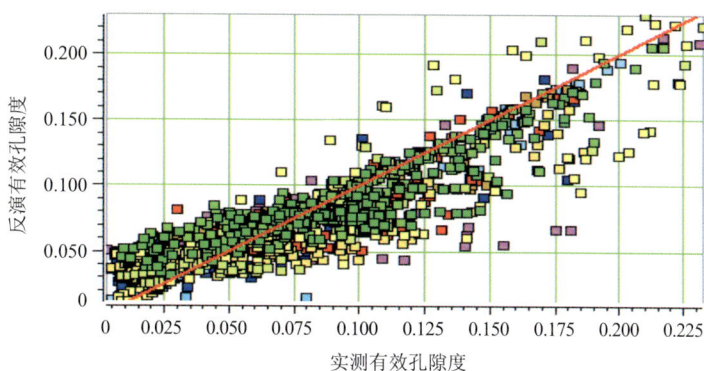

图 7-21　实测有效孔隙度与反演有效孔隙度相关分析

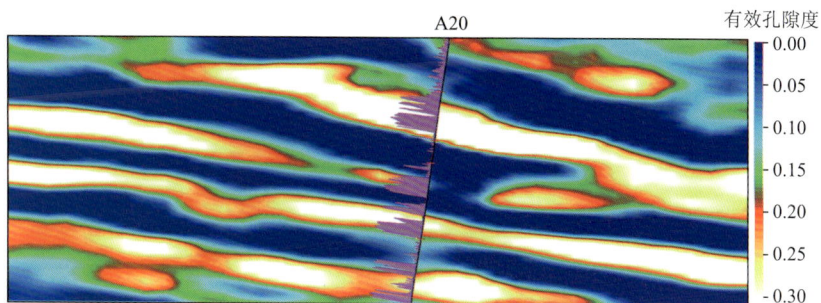

图 7-22　过 A-20 井 A 油组有效孔隙度剖面图

　　在反演的有效孔隙度数据体沿层提取的有效孔隙度平面图上,可以清晰看出河道砂体的平面展布和横向连通性等特征。特别是在 A-20 井处,测井资料解释 AU1 小层为砂岩,AU2 小层为泥岩,如图 7-23 所示。在有效孔隙度平面图上,AU1 小层在 A-20 井处有很好的高孔隙度特征指示,根据测井解释的有效孔隙度下限值可以确定其为砂岩,而 AU2 小层在 A-20 井处却没有高孔隙度特征指示,如图 7-24 和图 7-25 所示。

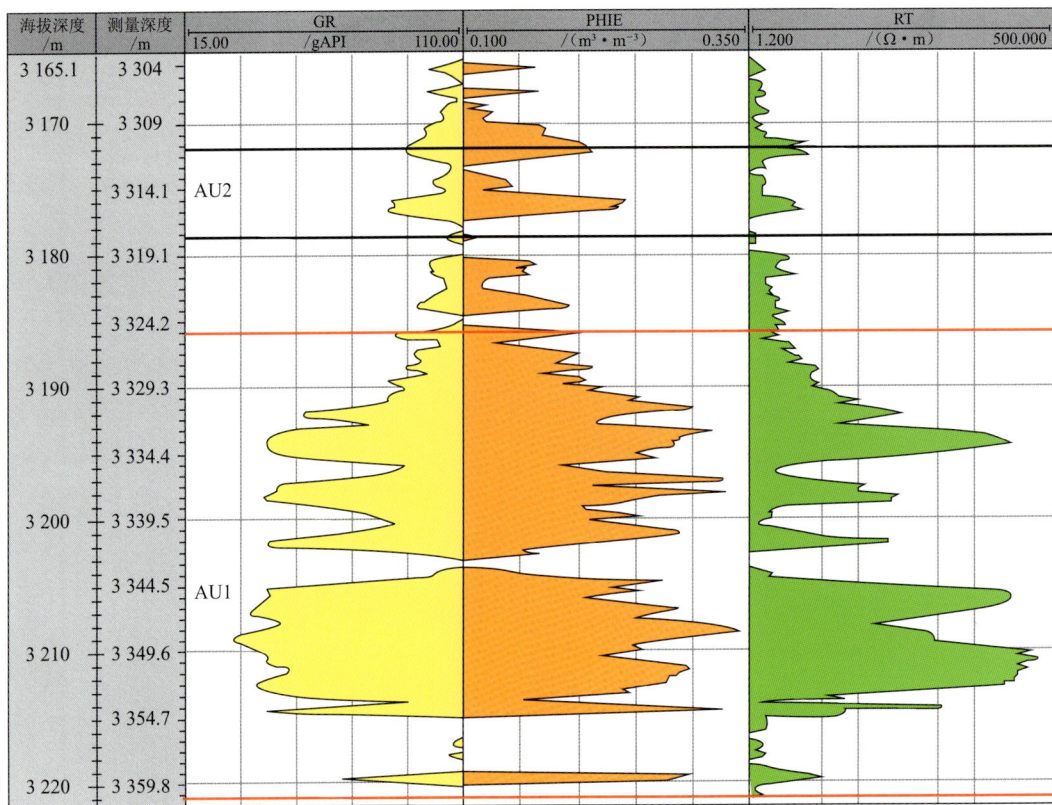

图 7-23 A-20 井测井解释成果

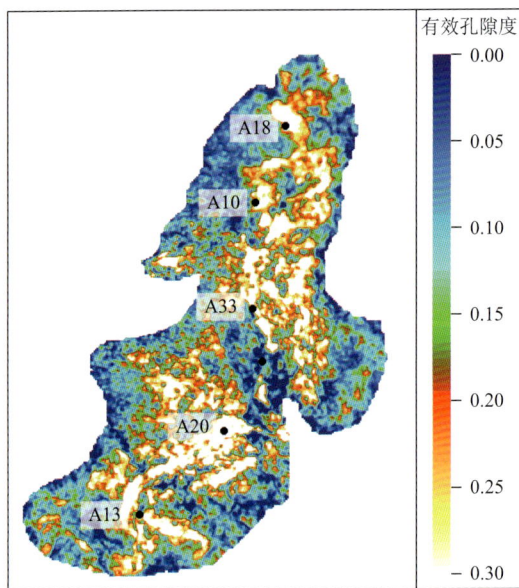

图 7-24 AU2 小层有效孔隙度平面图

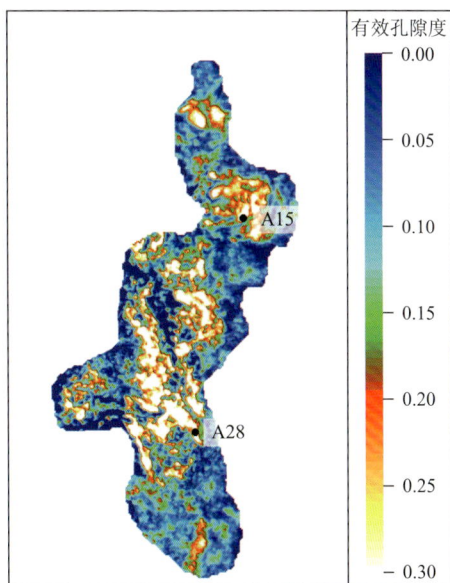

图 7-25　AU1 小层有效孔隙度平面图

3. 隔夹层分布预测

A 油田下部 C,D,E,F,G 和 H 油藏均为多期朵叶单元叠置进积型复合朵体（图 7-26），不同期次朵叶之间普遍存在半远洋泥岩隔夹层（图 7-27），且后期侵蚀性水道也进一步加剧了储层的非均质性。以 D 油藏为例，根据井孔资料分析结果，砂岩储层厚度平均为 20～30 m，泥岩隔夹层厚度大都在 5 m 以下，总体上是一套富砂层系。

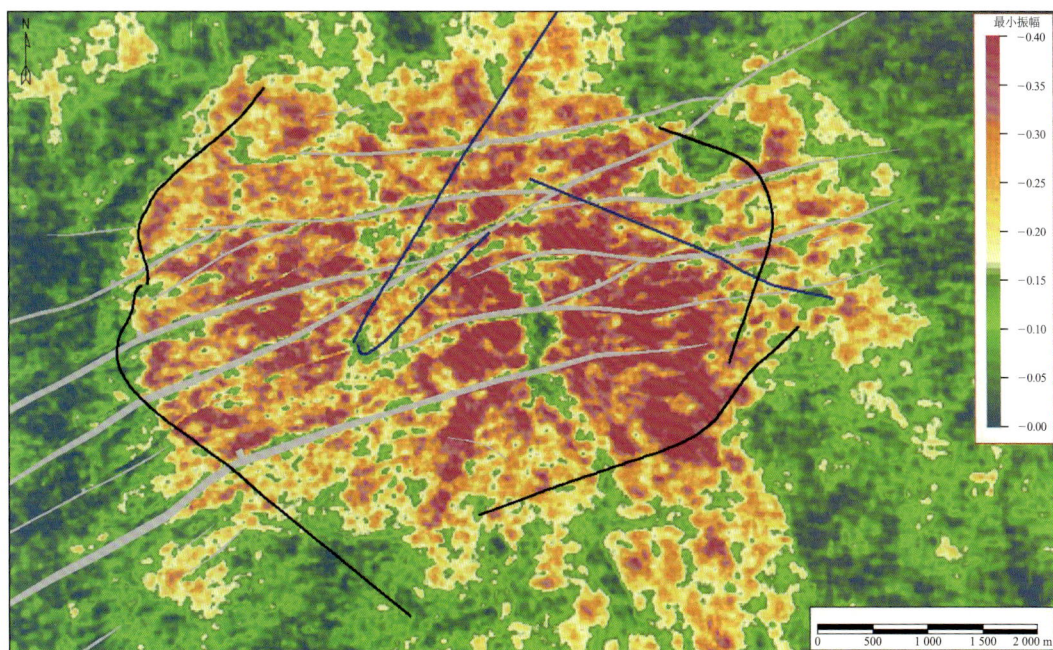

图 7-26　D 油藏地震属性平面图

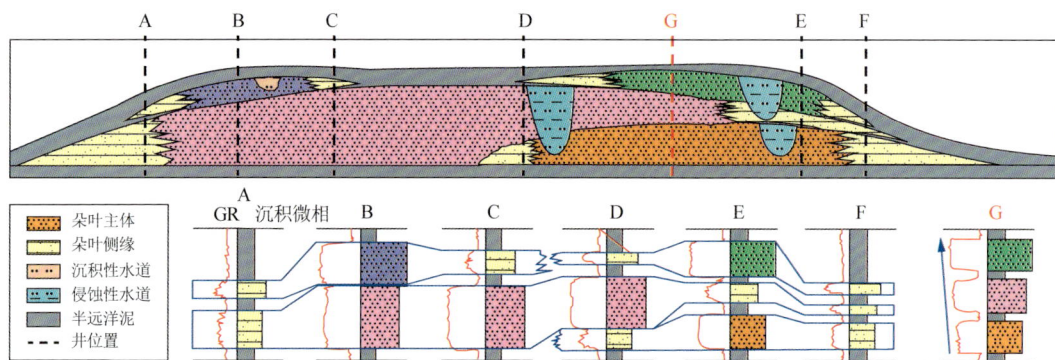

图 7-27　D油藏复合朵体沉积模式剖面图

　　根据井震标定结果,泥岩隔夹层发育部位地震波形发生明显变化(图 7-28),由复合波形变为明显的波谷和波峰,频率升高,振幅能量增强。因此,应用地震多属性分析和以砂控泥的隔夹层分析方法实现隔夹层厚度平面分布预测(图 7-29)。图中黄色和橙色表

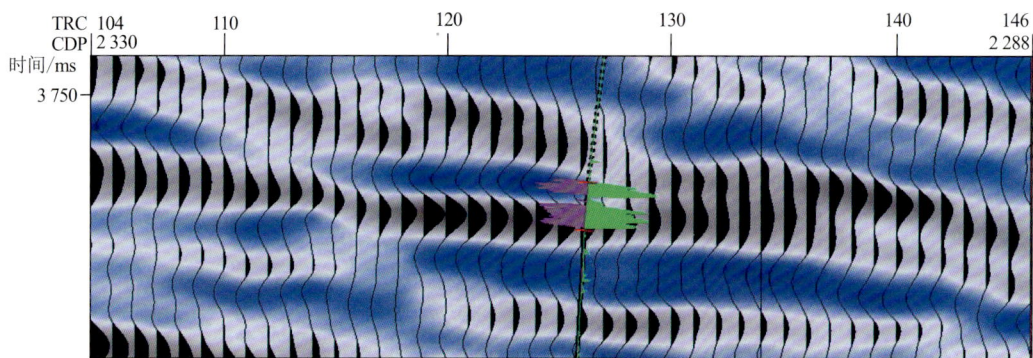

图 7-28　D油藏过井地震剖面图

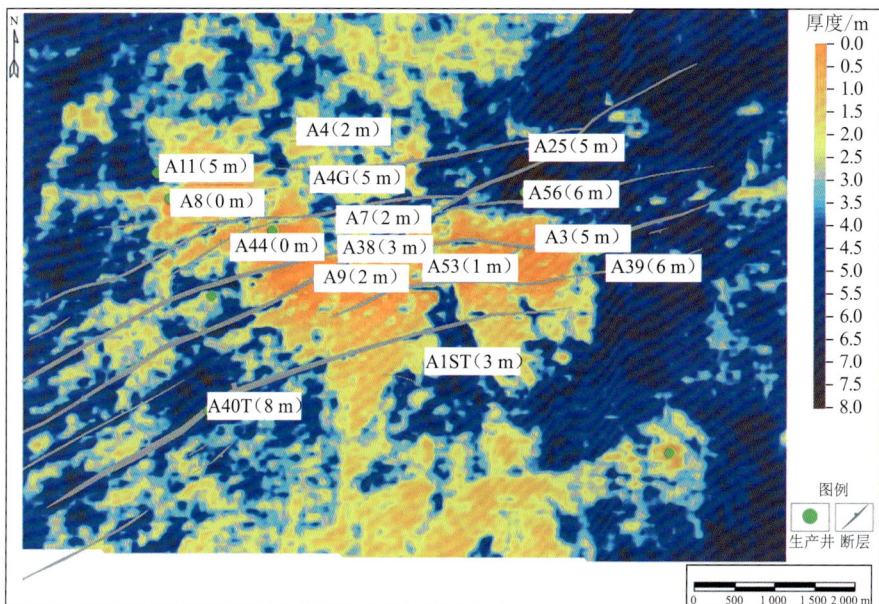

图 7-29　D油藏隔夹层厚度平面分布预测图

示砂体展布,其余颜色表示隔夹层厚度的平面分布特征。朵叶砂体和水道砂体被后期侵蚀性水道泥质充填,隔夹层展布也体现了水道的特点,其分布特征符合深水扇沉积规律认识。隔夹层分布预测结果也得到了后期开发静态和动态资料的证实,分布特征与生产动态吻合。

参考文献

边立恩,于茜,韩自军,等,2011. 基于谱分解技术的储层定量地震解释[J]. 石油与天然气地质,32(54):718-723.

陈欢庆,王珏,杜宜静,2017. 储层非均质性研究方法进展[J]. 高校地质学报,23(1):104-116.

邓宏文,1995. 美国层序地层研究中的新学派:高分辨率层序地层学[J]. 石油与天然气地质,16(2):89-97.

丁帅伟,姜汉桥,赵冀,等,2015. 水驱砂岩油藏优势通道识别综述[J]. 石油地质与工程,29(5):132-136+149.

董建华,范廷恩,高云峰,2011. 深水扇储层物性多属性反演方法研究——基于"步聪法"进行敏感地震属性组合优选[J]. 中国海上油气,23(2):85-88.

董建华,顾汉明,张星,2007. 几种时频分析方法的比较及应用[J]. 工程地球物理学报,4(4):312-316.

窦易升,1995. 薄层厚度定量解释的振幅谱平方比法[J]. 石油地球物理勘探,30(S2):57-65.

范洪军,范廷恩,王晖,等,2014. 地震波形分类技术在河流相储层研究中的应用[J]. CT理论与应用研究,23(1):71-80.

范廷恩,胡光义,余连勇,等,2012. 精细地震解释技术在海上某油田开发前期研究中的应用[J]. 油气藏评价与开发,2(2):1-5.

范廷恩,胡光义,余连勇,等,2012. 切片演绎地震相分析方法及其应用[J]. 石油物探,51(4):371-376+316.

范廷恩,李维新,王志红,等,2006. 渤海渤中34区河流相储层预测与描述技术研究[J]. 中国海上油气,18(1):13-16+21.

高静怀,郭月飞,金国平,2005. 基于熵谱特征定量计算薄层厚度的方法研究[J]. 煤田地质与勘探,32(2):58-62.

胡光义,范廷恩,宋来明,等,2013. 海上油田开发前期研究阶段储量品质评估方法及其应用——以渤南地区明化镇组储层为例[J]. 中国海上油气,25(1):33-36.

黄真萍,王晓华,王云专,1997. 薄层地震属性参数分析和厚度预测[J]. 石油物探,36(3):28-38.

贾爱林,2011. 中国储层地质模型20年[J]. 石油学报,32(1):181-188.

李辉,罗波,何雄涛,2017. 基于波形聚类储集砂体边界识别与预测[J]. 工程地球物理学报,14(5):573-577.

李祖兵,颜其彬,罗明高,2007. 非均质综合指数法在砂砾岩储层非均质性研究中的应用——以双河油田 V 下油组为例[J]. 地质科技情报,26(6):83-87.

梁宏伟,吴胜和,王军,等,2013. 基准面旋回对河口坝储集层微观非均质性影响[J]. 石油勘探与开发,40(4):436-442.

马跃华,吴蜀燕,白玉花,等,2015. 利用谱分解技术预测河流相储层[J]. 石油地球物理勘探,50(3):502-509.

闵小刚,陈开远,范廷恩,2011. 井-震结合进行河流相储层非均质性表征——以渤海湾盆地黄河口凹陷渤中 263 油田为例[J]. 石油与天然气地质,32(3):375-381.

任颖,孙卫,张茜,等,2016. 低渗透储层不同流动单元可动流体赋存特征及生产动态分析——以鄂尔多斯盆地姬塬地区长 6 段储层为例[J]. 地质与勘探,467(5):974-984.

魏嘉,2007. 地质建模技术[J]. 勘探地球物理进展,30(1):1-6.

夏同星,明君,陈文雄,等,2012. 渤海南部海域新近系油田储层预测特色技术[J]. 中国海上油气,24(S1):34-37.

许宏龙,刘建,龚刘凭,等,2015. 储层非均质性研究方法综述[J]. 中外能源,2015,20(8):41-45.

许平,雷芬丽,黄凤林,等,2012. 时频分析技术在地质薄层识别中的应用[J]. 工程地球物理学报,9(1):29-33.

袁春燕,贾家磊,张红,2016. 地质统计学反演在鄂尔多斯盆地南部彬长区块储层预测中的应用[J]. 工程地球物理学报,13(1):77-81.

岳大力,吴胜和,林承焰,2008. 碎屑岩储层流动单元研究进展[J]. 中国科技论文在线,3(11):810-818.

张世广,卢双舫,张雁,等,2009. 高分辨率层序地层学在储层宏观非均质性研究中的应用[J]. 沉积学报,27(3):458-469.

赵成林,王桂军,孙学斌,2010. 基于最大熵谱估计的频谱感知方法的研究[J]. 中国电子科学研究院学报,5(5):508-512.

赵卫平,2016. 井震联合属性分析技术在深水浊积岩储层预测中的应用[J]. 工程地球物理学报,13(2):213-220.

赵卫平,胡光义,范廷恩,等,2018. 最大熵谱分解技术在 A 油田薄砂储层厚度预测中的应用[J]. 工程地球物理学报,15(4):403-410.

周仲礼,张艳芳,王权锋,2010. 基于最大熵谱分解的微裂缝识别技术[J]. 天然气工业,30(6):42-44.

PARTYKA G,GRIDLEY J,LOPEZ J,1999. Interpretational applications of spectral decomposition in reservoir characterization[J]. The Leading Edge,18(1):353-360.

第八章
海上薄层油藏地质建模技术

网格化是建立三维数字油藏模型的基本要求。利用网格属性表征油藏动静态特征的过程，本质上是基于有限的网格数值代替油藏的多尺度静态特征、流体动态变化及油藏时变规律的过程（吴胜和等，2007，2008，2012；孙立春等，2008；霍春亮等，2016）。由于薄层油藏的多维度、多尺度非均质特征与三维地质模型的有限网格之间存在表征矛盾，因此在油田开发的不同阶段，虽可采用不同精细程度的网格建模，但基于薄层研究尺度，充分发挥地震信息的约束作用，是开展薄层油藏精细表征的关键。

第一节　薄砂层分辨尺度与模型表征尺度的关系

一、薄砂层研究尺度

根据基础资料的翔实程度以及研究手段的应用情况，薄砂层的研究尺度包括真实尺度、分辨尺度、识别尺度、表征尺度等不同维度的概念（图 8-1）。

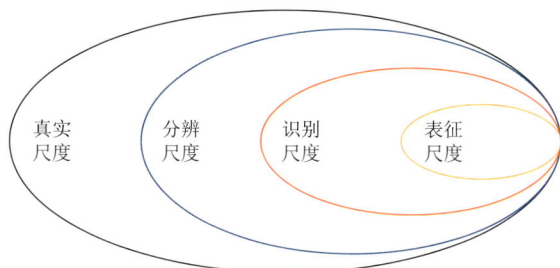

图 8-1　薄砂层不同研究尺度之间的关系

薄砂层真实尺度指利用第一手资料（如野外观察、岩心观测等）进行精细测量获得的薄砂层尺度，包括纵向厚度和横向延展规模。由于油田地下资料多数属于间接资料（测井、地震等），因此一般难以获得薄层真实尺度，尤其是薄层的横向延展规模。

薄砂层分辨尺度指在地震资料分辨能力范围内预测的薄砂层尺度。根据第二章关于地震分辨率的阐述，当薄砂层厚度大于三维地震资料分辨率（$\lambda/4$）时，通过井震联合识别,能够相对准确地预测砂层厚度。因此,一般对于砂层沉积主体部位,由于砂层叠置程度较高、厚度较大,预测相对准确。

薄砂层识别尺度指低于地震资料分辨率的薄砂层尺度。根据第二章关于地震分辨率的阐述,当薄砂层厚度小于三维地震资料分辨率($\lambda/4$)时,一般仅能预测薄砂层是否发育,而难以准确预测砂层厚度。因此,对于沉积边部或非主力相带的砂层,难以准确预测其厚度。

薄砂层表征尺度指利用固定网格系统可以实现精细表征的薄砂层尺度。在三维地质模型中,主要通过网格化并赋予定量参数表征薄砂层,因此网格划分的精细程度将影响表征精度。但是,由于受数值模拟效率的制约以及受分辨和识别精度的影响,一般难以通过细化网格来精细表征薄砂层,因此明确利用有限数量和相对固定大小的网格能够表征的薄砂层尺度,对于开展薄砂层精细建模十分重要。

综合上述各种尺度分析可以看出,薄砂层表征精度受多方面因素影响,核心在于处理分辨尺度与识别尺度的关系。

二、薄砂层地质建模要点

储层地质建模技术经过多年发展已取得了较多成果,尤其在储层构型理论基础上,针对油藏内阻渗界限逐渐形成了构型要素建模、隔夹层建模、多级相控建模等建模方法,侧重确定性表征与随机模拟表征相结合的表征思路(于兴河,2008;高博禹等,2008;刘超等,2014;王海鹏,2015)。然而,由于薄砂岩储层内部发育各类沉积成因界面,在预测和识别方面具有级次性、穿时性和隐蔽性特征,油田资料基础一般难以满足精细描述的需求,导致模型精度受限。

结合薄砂层油藏表征需求,开展精细表征需重点解决两个关键问题,即如何以相对大尺度的网格近似表征相对小尺度的地质特征以及如何利用确定的模型属性近似反映模糊的地质概念。例如,河流相复合点坝横向延展规模一般为数百米,单点坝之间多以废弃河道沉积作为阻渗屏障,然而废弃河道宽度最小仅 10 余米,即使利用油田开发中后期相对高品质的三维地震资料,也往往难以定量预测废弃河道的规模、厚度、产状等具体特征,且中后期三维油藏地质模型的网格长度多为 25～50 m,界限尺度与网格尺度之间的矛盾将导致表征结果因"锯齿化"而失真,可能对剩余油分布预测精度产生影响。

以河流相薄砂岩储层为例,在进行油藏地质建模时,如何合理表征河流相储层砂体的构型及内部结构特征,并建立能够体现河流相砂体流体渗流规律的油藏地质模型,是油藏地质及开发人员最关心的问题之一。在油田开发早期阶段,高精度的三维地震资料通常作为地质建模的主要信息来表征储层空间发育规模及储层内部特征。但是,在应用地震属性约束储层建模时,用油田统一的时深关系进行时深转换提取的地震属性与井点砂体的对应关系通常不是很好,且地震反演追踪的河流相储层砂体单元通常为多期砂体的叠置,在这些叠置砂体间可能存在隔层、夹层,而砂体的叠置关系和隔层、夹层影响着砂体内部流体的运动规律,控制着油藏边、底水和注入水的推进方式和推进速度。因此,合理体现河流相储层特点是地质建模工作的重点和难点。

第二节 井震联合薄砂层层序结构建模

基于薄砂层层序结构特征搭建地层构造格架是开展薄砂层精细表征的基础,而如何与砂描结果相匹配、确保界面表征的等时性是关键。建模方法主要有两种,即基于等时层序地层单元的嵌入式格架建模方法和基于砂体顶、底界面的单砂体建模方法。

一、基于等时层序地层单元的嵌入式格架建模方法

基于等时层序地层格架的构造建模指利用地震解释等时构造面(油组或小层的构造层面),结合井点分层数据,建立具有沉积等时意义的地层层面模型,以构建等时地层格架网格。由于以层段或油组界面为控制建立层状构造模型,格架整体较粗,不利于表征砂体分布形态,因此在等时地层格架下进一步采用网格嵌套技术建立砂体结构模型,所建立的砂体内部网格平行于地震解释等时构造面(图 8-2)。

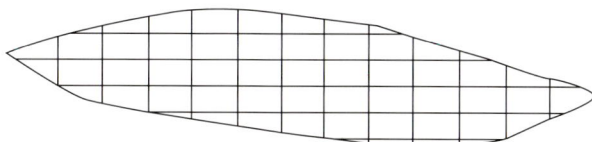

图 8-2 基于等时地层格架的嵌入式网格划分示意图

以 L 油田为例,地震原始解释层面包括 $N_2m^1Ⅳ$ 顶面构造图、$N_2m^1Ⅴ$ 顶面构造图、$N_1gⅠ$ 顶面构造图、$N_1gⅡ$ 顶面构造图和 $N_1gⅢ$ 底面构造图。综合分析所有砂体单元与地震解释层面关系,将 $N_2m^1Ⅳ$ 层面向上平移 70 m 得到该油田构造框架的顶部层面;将 $N_1gⅢ$ 底面向下平移 80 m 并结合地质分层进行层面校正,得到该油田构造框架的底部层面(E_3d^1 段),从而建立等时地层格架的层面模型(图 8-3)。在该等时地层格架模型基础上,利用地震砂描获得的砂体顶、底界面在格架内通过层面镶嵌雕刻出单砂体分布位置(图 8-4)。

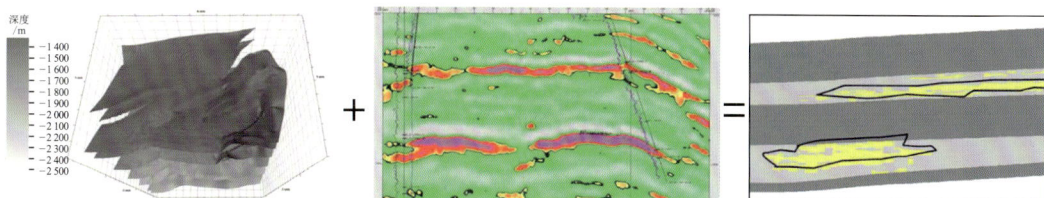

图 8-3 基于等时地层格架的构造层面及单砂体嵌入层面

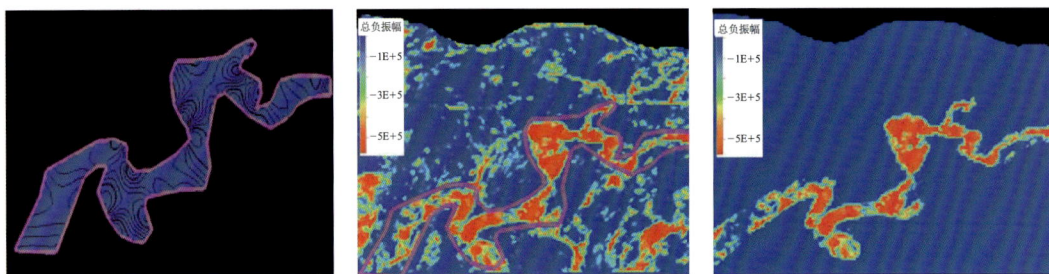

图 8-4 砂体边界刻画及成图

海上油田具有井数少、井距大的资料特点,传统的主要以井点数据随机模拟砂体分布的方法存在较大的不确定性。通过井震联合搭建砂体等时层序地层格架与砂体镶嵌的方法,以现代沉积为原型模拟曲流河发育规模,改变传统曲流河模拟中单方向模拟曲流河摆动的做法,借鉴现代沉积储层地质知识库指导地下曲流河储层模拟。通过刻画曲流河边界,以展示多方向的曲流河边界图模拟曲流河平面的不断摆动,模拟得到的曲流河形态真实准确(图 8-5)。因此,该方法主要适用于"条带状"曲流河沉积的地质建模,在小层界面或砂层组界面控制下建立曲流河单砂体模型。

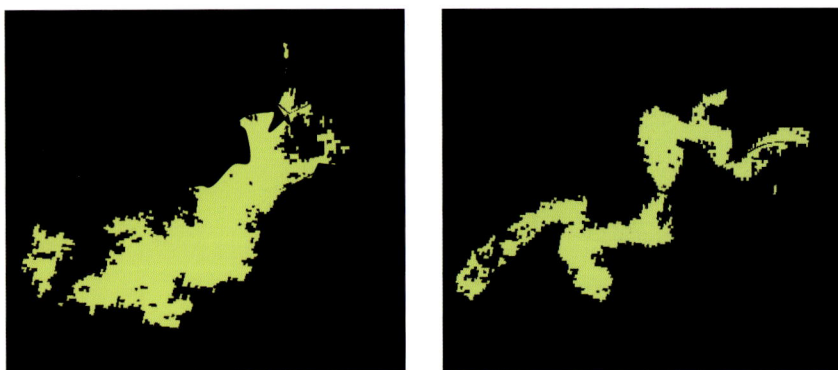

图 8-5 传统方法建立的砂体分布属性与基于等时地层格架的嵌入式建立的砂体分布属性

二、基于砂体顶、底界面的单砂体建模方法

基于单砂体层面的构造建模指直接以砂体的顶、底面为构造层面输入数据,建立层面模型。该方法可直接形成砂体结构模型。砂体内部的纵向网格基于砂体顶、底面的形态(图 8-6)。

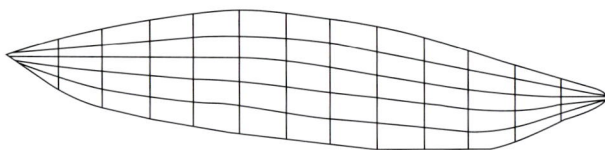

图 8-6 基于单砂体层面的网格划分示意图

　　基于单砂体层面的层面模型直接利用砂体单元的顶、底面,生成构造网格(图 8-7)。建立层面模型前需要注意两点:一是砂体层面数据需要进行前处理,将地震解释砂体层面数据重新按照 5 m×5 m 的网格密度进行层面构建;二是分析所有砂体在空间上的位置关系,按照从浅到深将所有砂体进行排序。

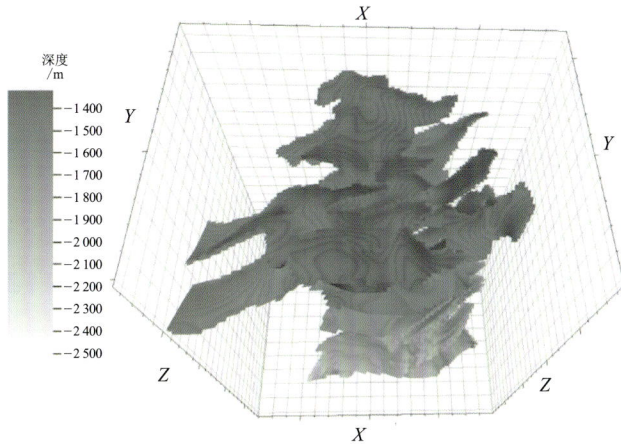

图 8-7　基于单砂体层面的层面模型图

　　该方法具有两个特点:一是层面模拟选择的是最小曲率算法,该算法的优势是砂体层面之外的位置可以不插值;二是地质建模软件自动生成的层面基本可以满足层面质控要求。

　　该方法直接利用单砂体地震砂描顶、底层序界面建立框架模型,由于以砂体本身作为框架,既不需要镶嵌,也不需要其他层面的控制模拟,因此方法适用范围广、建模精度高,既适合条带状砂体,也适合连片状砂体(图 8-8)。

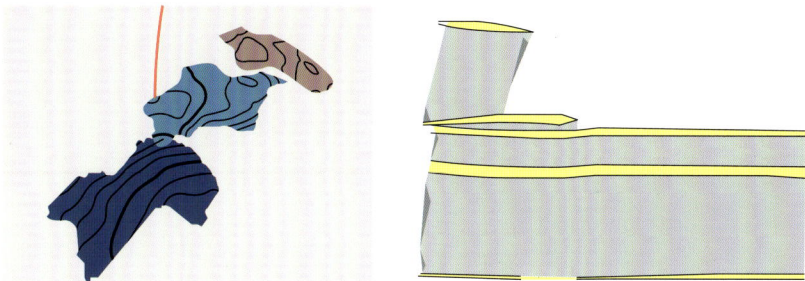

图 8-8　以砂体顶、底面为基础的单砂体建模三维立体图和剖面图

三、两种方法网格划分对比

　　合理的网格设计方案对地质建模非常重要。网格的大小、形态和方向会对砂体骨架模型、属性模型及油藏数值模拟产生影响。薄层油藏网格设计一般需既能确保薄砂层内部结构表征精度,又能满足油藏数值模拟的要求。

基于等时地层格架的构造建模不仅适用于不同沉积相类型的油田,而且适用于油田开发的各个阶段(开发方案设计阶段、开发方案实施阶段和油气田生产阶段)。建立等时地层格架的关键是结合井上电性旋回特征和地震反射特征进行精细地层对比。但是该方法在层面模拟和网格划分方面过程较复杂,对地质建模的精度和速度要求高;总网格数庞大,而无效网格数比例高。若直接应用地质模型,将大大增加油藏数值模拟的运算速度;若进行粗化地质模型,则会丢失部分地质信息,影响储层描述精度。因此,应依据实际的生产需求决定是否选择基于等时地层格架的构造建模方法。

基于单砂体层面的构造建模在准确表征出砂体的分布形态和规模的基础上,能够快速搭建层面模型,缩短地质建模工期;同时,降低地质模型网格的数量,提高有效网格数比例,不需进行粗化,可直接作为油藏数值模拟的数据基础。但该方法具有三个基本适用条件:一是具有储层反演资料的油田,可提供地震解释的砂体顶、底面数据;二是建模单元以地震反演砂体单元为主;三是地质模型不需要重复更新。

第三节　地震信息约束的薄砂层相控建模

薄砂岩油藏内部普遍存在多种阻碍或影响油藏流体流动的层次结构成因单元,如砂体叠置、细粒沉积相带、沉积突变界面等,会将"整装、连续"的油藏变得"零散化、断续化"。以河流相薄砂岩油藏为例,砂体的"复合性"是自然界的普遍规律,不同级别、不同微相、不同期次的单砂体组合成为河流相复合砂体,随沉积供给(S)、可容空间(A)的相对变化,复合砂体内各单砂体之间主要形成尖灭型、接触型、切叠型、堆叠型4种叠置模式,是导致开发过程中产生各种生产矛盾的根本原因,也是储层表征与建模的重点。

地质建模旨在根据地质模式及认识提供确定性油藏表征结果,然而由于薄砂岩储层内部层次构型单元普遍低于地震可分辨尺度,精度有限且预测结果存在不确定性,因此针对薄砂岩储层开展以结构表征为核心的相控建模必须立足以地质模式为约束,充分发挥地震资料分辨率优势,针对不同尺度的层次结构单元采用相适应的表征方法。本节以海上新近系河流相薄砂岩断块油藏为例,介绍不同叠置样式类型的建模方法。

一、基于网格连通程度的建模方法

根据油藏数值模拟原理,油藏流体只能在模型有效网格中流动,无效网格流体无法穿过,起阻渗作用。有效网格之间如果以网格面接触则彼此连通,以角点接触则网格不连通,连通网格数量可以影响渗流速度。基于连通网格数量的表征方法的原理如图8-9所示。复合砂体内发育一条阻渗界限,导致注水井和采油井之间注采不畅,在网格数量相同的情况下,有效网格分布的离散程度越高(图8-9a),即大部分网格之间以角点接触为主,有效网格形成连通通道的概率越低,油水渗流轨迹越单一,注水效果越差。反之,有效网格规则排列(图8-9b),网格之间以面接触为主,形成连通通道的概率和质量越高,可能存在多条渗流轨迹,注水受效情况越好。

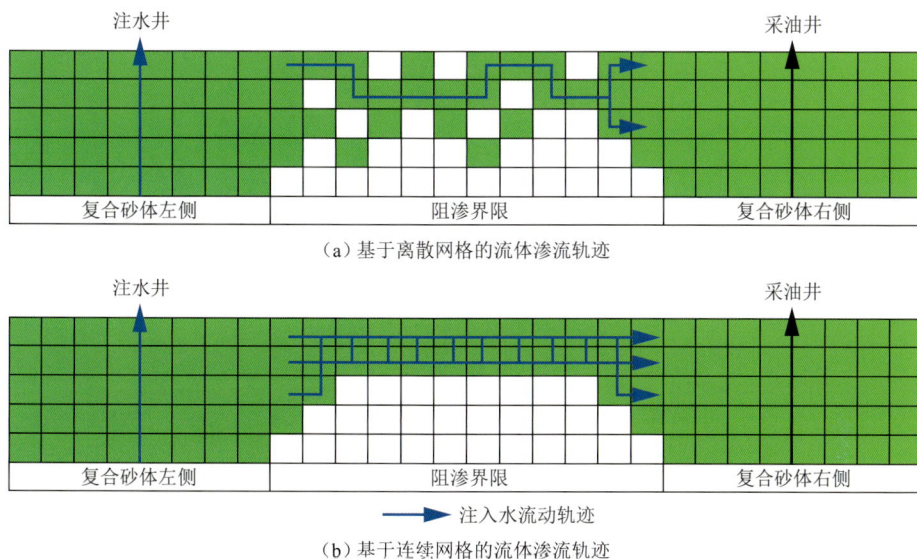

（a）基于离散网格的流体渗流轨迹

→ 注入水流动轨迹

（b）基于连续网格的流体渗流轨迹

图 8-9　地质模型中不同连通网格数量的油藏流体渗流轨迹示意图

基于基础实验方案,为研究不同连通网格数量对砂体叠置界限的表征效果,在模型中对界限处网格设置相同的渗透率（10 mD,1 mD＝10^{-3} μm^2）和网格传导率倍数（0.5）,进一步设计具有不同数量渗流通道（0 条、1 条、2 条、3 条、多条）的敏感机理模型（表 8-1）。渗流通道数量越多,砂体叠置界限处网格连通程度越高。25 年注水开发的数值模拟结果（图 8-10）显示,砂体叠置界限处有效网格的连通程度直接影响水驱范围和剩余油分布情况。

表 8-1　不同连通网格数量的机理模型

机理模型	敏感模型 1	敏感模型 2	基础模型	敏感模型 3	敏感模型 4
界限处渗流通道数量	0 条	1 条	2 条	3 条	多条
界限处网格渗透率	10 mD	10 mD	10 mD	10 mD	10 mD
界限处网格面传导率	0.5	0.5	0.5	0.5	0.5

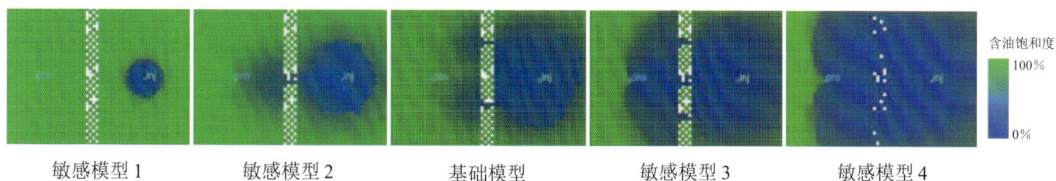

敏感模型 1　　　敏感模型 2　　　基础模型　　　敏感模型 3　　　敏感模型 4

图 8-10　不同连通网格数量的砂体叠置界限机理模型水驱开发剩余油饱和度分布图

敏感模型 1 中,砂体叠置界限处有效网格全部呈离散角点接触,界限两侧砂体不连通。模拟结果显示,由于注入水不能突破砂体叠置界限,复合砂体西侧水驱完全不受效,导致水驱范围十分有限,整体波及系数仅 5.5%,油藏内界限两侧均存在大量剩余油,采收率仅 3%,开发效果极差。

敏感模型 4 中,砂体叠置界限处超过 95% 的有效网格为网格面接触,彼此连通。模拟结果显示,注入水全部突破砂体叠置界限,水驱范围最大,波及系数达 85%,采收率为 28.1%,开发效果较好。

其他模型的有效网格连通程度介于上述二者之间,水驱开发效果随渗流通道数量增加而渐好,水驱前缘与渗流通道发育部位有关。针对模型中连通网格数量的敏感性分析结果显示,通过控制连通网格数量可以近似反映具有不同阻渗能力的砂体叠置界限。

二、基于网格渗透率的建模方法

储层渗透率是综合反映油藏内储层物性和流体渗流能力的参数,在网格连通程度相同的前提下,通过控制砂体叠置界限附近的网格渗透率也可以体现界限的阻渗作用。砂体叠置界限的阻渗特征体现在多个方面,如界限空间形态(界限两侧砂体的叠置样式、叠置程度等)、几何参数(界限面的倾角、叠置部位的砂体宽度及厚度)、泥质含量、砂层物性(孔隙度、渗透率等)等。然而,这些特征往往受限于研究资料基础或网格大小,一般不能准确地表征在油藏模型中。针对这样的情况,一般只能通过渗透率这一参数来体现界限的阻渗能力,因此设置砂体叠置界限渗透率值需遵循原则,即界限渗透率本质上是一种渗透率,所设置值可能与已钻井揭示的渗透率值存在差异。

基于基础实验方案,为研究不同渗透率对砂体叠置界限阻渗能力的表征效果,在相同数量界限渗流通道(2 条通道)和网格传导率(0.5)的前提下,进一步分别设置界限渗透率为 1 mD,5 mD,30 mD 和 100 mD 的敏感机理模型(表 8-2)。25 年注水开发的数值模拟结果(图 8-11)显示,由于界限渗透率差异,水驱开发效果各不相同。

表 8-2 不同砂体叠置界限渗透率的机理模型

机理模型	敏感模型 1	敏感模型 2	基础模型	敏感模型 3	敏感模型 4
界限处渗流通道数量	2 条	2 条	2 条	2 条	2 条
界限处网格渗透率	1 mD	5 mD	10 mD	30 mD	100 mD
界限处网格面传导率	0.5	0.5	0.5	0.5	0.5

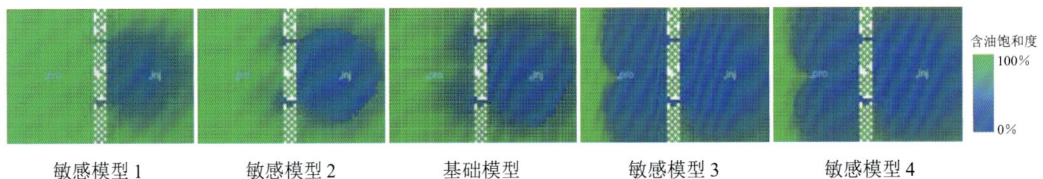

敏感模型 1　　敏感模型 2　　基础模型　　敏感模型 3　　敏感模型 4

图 8-11 不同渗透率的砂体叠置界限机理模型水驱开发剩余油饱和度分布图

敏感模型 1 中,砂体叠置界限处连通网格渗透率均为 1 mD。模拟结果显示,尽管界限两侧的砂体之间存在渗流通道,但是由于物性太差,注入水几乎不能突破砂体叠置界限,导致水驱范围有限,整体波及系数为 28%,采收率为 10%,复合砂体西侧水驱受效较差。

敏感模型 4 中,界限处连通网格渗透率均为 100 mD。模拟结果显示,注入水突破砂体叠置界限,在各渗流通道的前端形成水驱前缘,波及系数达 88%,水驱范围最大,采收率为 26.1%,开发效果较好。

其他模型的渗透率介于上述二者之间,水驱开发效果随界限渗透率增加而整体渐好,但是当界限渗透率大于 30 mD 后,随渗透率进一步升高,水驱开发效果改善的程度不再明显。

三、基于网格面传导率的建模方法

网格面传导率是反映网格面之间传导能力的参数,只适用于面接触的网格。与渗透率相似,网格传导率也包括 I,J 和 K 三个方向的值。以 I 方向传导率为例,网格 i 和 I 方向与其相邻的网格 j 之间的网格面传导率计算公式如下:

$$TRAN\_I_i = \frac{CDARCY \cdot TMLT_i}{\frac{1}{T_i} + \frac{1}{T_j}} \tag{8-1}$$

式中　$TRAN\_I_i$——网格面传导率;

　　　$CDARCY$——达西常数;

　　　$TMLT_i$——第 i 个网格的传导率倍数。

式(8-1)中,T_i 和 T_j 的计算公式为:

$$T_i = PERM\_I_i \cdot NTG_i \cdot \frac{AD_i}{D_iD_i}, \quad T_j = PERM\_I_j \cdot NTG_j \cdot \frac{AD_j}{D_jD_j} \tag{8-2}$$

式中　$PERM\_I_i$,$PERM\_I_j$——网格 i 和 j 的渗透率;

　　　NTG_i,NTG_j——网格 i 和 j 的净毛比。

式(8-2)中,AD_i,D_iD_i,AD_j 和 D_jD_j 的计算公式为:

$$AD_i = A_X D_{iX} + A_Y D_{iY} + A_Z D_{iZ} \tag{8-3}$$

$$D_iD_i = D_{iX}^2 + D_{iY}^2 + D_{iZ}^2 \tag{8-4}$$

$$AD_j = A_X D_{jX} + A_Y D_{jY} + A_Z D_{jZ} \tag{8-5}$$

$$D_jD_j = D_{jX}^2 + D_{jY}^2 + D_{jZ}^2 \tag{8-6}$$

式中　A_X,A_Y,A_Z——网格 i 和 j 的接触面在 X,Y 和 Z 方向的投影面积;

　　　D_{iX},D_{iY},D_{iZ}——网格 i 中心点到网格接触面中心点的距离在 X,Y 和 Z 方向的投影分量。

由此看出,网格面传导率主要与网格面大小、相邻网格的渗透率及净毛比有关,可以通过调整传导率倍数来控制网格传导率值。在网格大小、渗透率和净毛比等均相同的情况下,如果倍数为 0,则网格之间不具备传导能力;倍数为 1 代表各网格之间传导能力相同;倍数大于 1 则意味着网格之间具备更强的传导能力。由于砂体叠置界限的阻渗作用,界限处的网格传导率倍数应小于 1。

基于基础实验方案,为进一步研究不同网格面传导率对砂体叠置界限阻渗能力的表征效果,在相同数量界限渗流通道(2 条)和渗透率(10 mD)的前提下,分别设置界限处网格传导率倍数为 0.05,0.25,0.5,0.75 和 0.95 的机理模型(表 8-3)。25 年注水开发的数值模拟结果(图 8-12)显示,传导率不同导致水驱开发效果也存在差异,但是差异程度不及由连通网格数量变化或渗透率变化引起的差异。

敏感模型 1 中,界限处网格传导率倍数为 0.05。模拟结果显示,注入水基本无法突破界限,水驱范围有限,波及系数达 23.7%,采收率为 12%,复合砂体西侧水驱开发效果较差。

敏感模型 4 中,传导率倍数均为 0.95,注入水部分突破了砂体叠置界限,在各渗流通道前端形成水驱前缘,但开发效果依然没有得到显著提升,波及系数达 55.5%,采收率为 18%。

其他模型的开发效果随界限传导率倍数增加而整体渐好,但相比前两种界限表征方法,基于网格面传导率的方法对界限的表征效果相对有限。

表 8-3 不同网格面传导率的机理模型

机理模型	敏感模型 1	敏感模型 2	基础模型	敏感模型 3	敏感模型 4
界限处渗流通道数量	2 条	2 条	2 条	2 条	2 条
界限处网格渗透率	10 mD	10 mD	10 mD	10 mD	10 mD
界限处网格面传导率	0.05	0.25	0.5	0.75	0.95

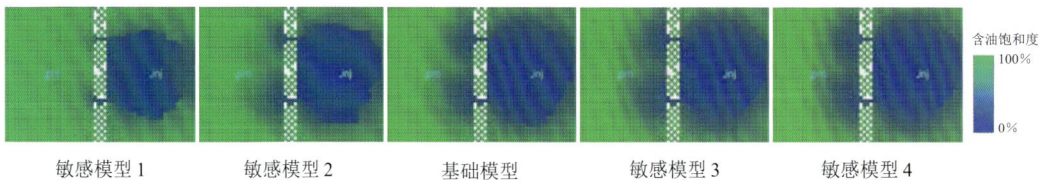

敏感模型 1   敏感模型 2   基础模型   敏感模型 3   敏感模型 4

图 8-12 不同网格面传导率的砂体叠置界限机理模型水驱开发剩余油饱和度分布图

四、几种建模方法的比较及适用范围

结合海上新近系河流相复合砂体发育的接触型、切叠型、堆叠型 3 种砂体叠置界限特征,综合分析界限规模、物性特征、模型网格尺度以及 3 种方法的机理模拟效果(图 8-13)认为,基于连通网格数量的表征方法比较适合接触型界限,基于模型渗透率的表征方法更适合切叠型界限,基于网格面传导率的表征方法则适合堆叠型界限。

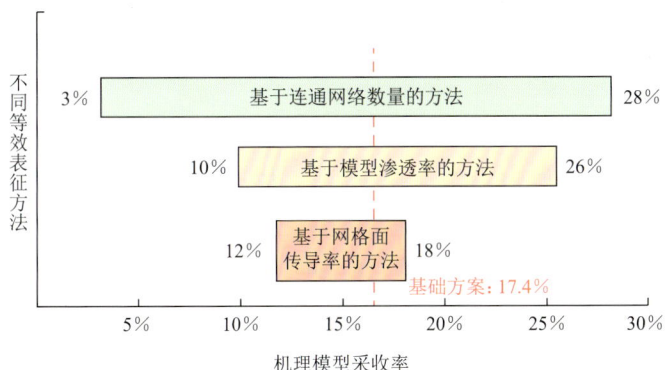

图 8-13　应用 3 种表征方法对机理模型采收率的影响

各类界限中,接触型砂体叠置界限规模最大(宽度一般大于百米)、物性最差(一般小于 10 mD),一般可采用多排网格进行建模。与其他界限相比,接触型砂体叠置界限的阻渗能力整体较强但具有较大的不确定性。如果界限处发育部分河道漫溢沉积,界限处的砂层薄且主要呈零散状断续分布,界限两侧的砂体可能无法沟通,但当界限处主要发育如决口扇、天然堤或小型决口河道等沉积单元时,界限处的砂层则可能存在局部叠置,这样的界限连通程度甚至可能达到切叠型界限的效果。对比 3 种表征方法,机理模型实验结果显示,基于连通网格数量的表征方法对油藏开发指标的影响范围最大(图 8-13),通过控制连通网格数量更易实现对接触型界限的不确定性表征。综合认为,该方法更适合接触型砂体叠置界限表征。

切叠型砂体叠置界限规模中等(宽度一般在百米以内)、物性中等。分选较差且易于发生胶结作用的河道底部粗粒滞留沉积是构成该界限的主要成因单元,也导致该类界限的物性范围变化较大,渗透率最小可低于 10 mD,最大可达 100 mD。由于界限规模有限,基本只能采用单排或双排网格建模。此外,实际油田中往往缺乏足够的井点实钻物性数据,对于该类型界限一般需要采用渗透率。与其他界限相比,切叠型界限由于砂体对接,储层连通性较好,因此界限的阻渗能力不如接触型界限,且不确定性较小。机理模型实验结果显示,基于模型渗透率的表征方法对油藏开发指标的影响范围中等(图 8-13)。综合认为,该方法更适合切叠型砂体叠置界限表征。

堆叠型砂体叠置界限由于切叠程度更高,规模普遍较小,界限处的岩性、物性特征与界限两侧砂岩储层更为接近,因此该类界限阻渗能力最弱且不确定性小。由于界限宽度可能小于模型网格尺度,模型表征的"锯齿化"特征将非常明显,采用单排网格已难以准确刻画界限分布特征。机理模型实验结果显示,基于网格面传导率的表征方法对油藏开发指标的影响范围最小(图 8-13)。综合认为,该方法更适合堆叠型砂体叠置界限表征。

第四节　应用实例

以海上油田新近系河流相薄层砂体为例,三维地震资料纵向分辨率为 10~12 m,基本对应短期基准面旋回作用下河谷内发育的多期纵向叠置河流沉积体,相当于油层组至砂层组的开发单元级别。这种对应关系意味着,虽然与陆上油田相比,由于海上地震资料更有利的采集条件,海上地震资料的品质普遍较好,但是地震反射同相轴作为河流相多期叠置砂体复合外包络岩性界面的综合响应,其内部蕴含着丰富、具有多期成因联系且不可定量分辨的低级次构型信息,是开展海上河流相薄层砂体非均质性表征的关键。

作为具有海上油田特色的储层研究方法,河流相储层构型表征应是基于复合砂体构型理论(裘亦楠等,1987;吴胜和等,2013;胡光义等,2014,2017,2018a,2018b;陈飞等,2015a,2015b;肖大坤等,2018),以地震资料为主、在可定性识别域内针对复合砂体构型单元开展的精细表征方法。该方法的核心是在地震可分辨尺度内井震结合开展等高程对比,最大限度地以横向识别优势弥补纵向分辨的劣势,以解决海上油田最小开发单元的细分问题。

一、最小开发单元细分方法

海上油田开发以储量单元为基础,储量单元纵向划分一般介于小层至砂层组范围,横向上多以断块边界或砂体尖灭为界。然而,为了在海上平台开发寿命内实现高效开发,往往在开发初期采用合层开发的方式,导致纵向最小单元多以砂层组为主,内部可包括多个单层(陈伟等,2013)。当油田步入中后期阶段,开发方式逐渐转为分层注采完善井网或单层水平井开发的方式来挖潜剩余油,因此需要针对砂层组级最小开发单元开展纵向及横向的细分。

根据河流相储层构型级次与含油气地层单元的对应关系,完成最小开发单元的纵向细分目标本质上在于将叠置的多期复合河道沉积细分为单期曲流带/辫流带沉积,也就是在5级界面的基础上进一步划分6级界面。结合现代河流沉积揭示的6级构型界面与河谷阶地之间的对应关系,利用海上已开发油田的井点资料开展6级构型界面划分,应基于以古河流阶地恢复为核心的复合砂体等高程对比研究,并通过地震属性切片进行辅助验证。

海上油田开发中后期挖潜剩余油、提高采收率主要通过完善开发井网来提高井控程度,进而提高储量动用程度。最小开发单元的横向细分旨在提供动静态一致的、用以划分独立注采井组的地质单元,因此有效检测井间的侧向渗流屏障是横向划分的核心。结合潮白河现代沉积揭示的复合点坝构型特征,认为废弃河道沉积是分割复合曲流带、影响开发单元侧向渗流的主要屏障类型。以废弃河道作为主要边界的复合点坝体,以其可形成空间独立储集体的特征,可作为划分并完善注采井组的基本地质单元,对其开展边界检测是横向细分的核心。

二、基于阶地恢复的复合砂体等高程对比

单期河道沉积体6级界面需基于古河谷阶地地形识别、以等高程时间单元对比为主

要手段进行对比划分。

　　根据前人成果,进一步细化具体步骤如下:首先,确定并解释标准层,通过井震联合,选择短期基准面旋回末期或含油砂层组顶部的稳定岩性界面为标志层,开展标志层连井对比、井震标定及精细解释;其次,以标志层为等时界面,拉平构建时间单元剖面、恢复河谷沉积底形及古阶地地貌,统计各井钻遇各级阶地以上目标砂体顶面距标志层的高程差,以此划分主要时间段,并根据阶地级次、距标志层不同距离将砂岩划分为若干沉积时间单元;再次,依据不同砂体构型特征(孤立、侧叠、堆叠)对比原则解剖砂体剖面构型(图8-14),通过测井相分析,辨识复合砂体内泥质夹层的对比关系,并按照先后顺序进行时间单元编号;最后,在复合砂体构型理论指导下开展砂体空间构型解剖,以地震属性切片演绎为引导,对同一时间编号的砂体分级勾边圈界。该方法的关键在于等高程对比标志层选择、古阶地底形识别与时间单元划分。

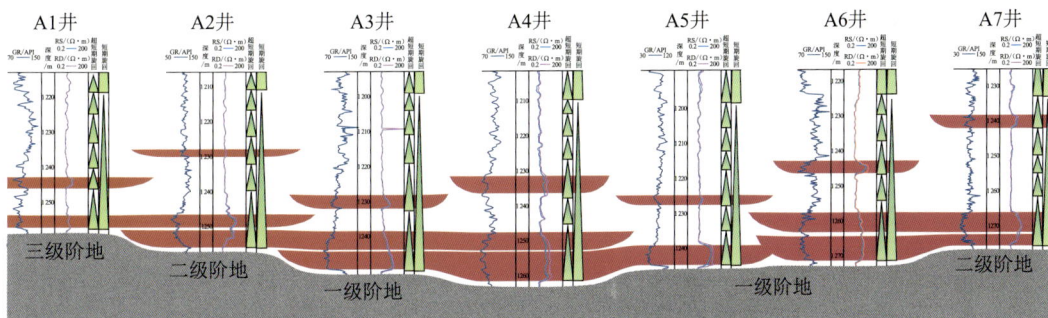

图 8-14　基于阶地恢复的复合砂体等高程对比

　　河流相沉积标志层的选择需注意:不同岩性标志层反映等时性的质量是不同的,一般来说短时期气候干旱条件下形成盐碱滩相沉积稳定性最强,等时性最好且测井响应特征突出,是河流相沉积地层中最理想的等时对比标志层。除此之外,泛滥平原或湖沼相沉积形成的泥炭层或煤层也具有较好的横向稳定性。洪泛期形成的泥岩层是最常用的等时对比岩性层,但是在河流相尤其是以"泥包砂"为典型特征的曲流河沉积地层中,由于上覆河道砂的强烈侵蚀或泥岩层内的短时小规模河道沉积,泥岩厚度往往发生一定变化,这导致虽然泥岩沉积整体是稳定的,但是泥岩层的顶、底岩性界面一般都是穿时界面,而内部又常常缺乏显著的标志界面。因此,针对这样的情况,如果选择泥岩层作为等时对比标志,应尽可能选择多个对比标志层,根据同时期的等时对比标志界面近似平行的原理,彼此相互验证来确定最优的等时界面。

　　河谷内早期河流沉积充填多形成紧密堆叠的河道沉积体,纵向上时间单元划分的难度也最大。这是因为在等时界面选择对比的基础上,识别同一沉积时间单元主要是根据"单元顶面距离等时标志层的高程差基本一致"的原则,但是由于上覆晚期的河流的下切侵蚀,同一时间单元的顶面往往并不具备等高程的特点,针对这种情况,识别多期阶地底形对划分不同的纵向时间单元作用明显。阶地的形成往往意味着短时间的沉积稳定时期,可发育较为广泛的泛滥细粒沉积,而沉积在同一级阶地地貌上的河流沉积单元则基本是等时的。因此,在古河谷阶地地形恢复的基础上,通过判断沉积砂体是否属于同级阶地,结合顶面的高程特征,便可判断是否为同一时间单元。

三、基于复合点坝的薄层砂体内阻渗条带表征

针对以废弃河道为主要侧向阻渗界线的复合点坝,由于界线规模尺度存在差异,可利用不同类型敏感地震属性开展界线检测,厘定复合点坝包络形态及内部结构。

通过地震正演定量模拟分析认为,振幅属性和频率属性组合应用有助于识别复合点坝边界以及内部夹层发育情况。复合点坝内多期点坝切叠的砂体部位(厚度大于 8 m,夹层小于 3 m)表现为强振幅、中低频特征,复合点坝内切叠不严重的砂体部位(厚度 5～8 m,夹层小于 3 m)表现为中强振幅、中高频特征,复合点坝砂体边部(中厚,5～8 m,夹层大于 3 m)表现为中强振幅、中低频特征,复合点坝间废弃河道沉积部位(厚度小于3 m,夹层大于 3 m)表现为弱振幅、中低频特征。

以渤海 QHD32-6 油田典型开发单元为例(图 8-15),均方根振幅属性显示,由于古河流迁移改道形成的复合点坝包络外形呈大型斑块状特征。复合边界废弃河道沉积厚度小,夹层相对发育,表现出明显的弱振幅、中低频特征,复合点坝内部由于单点坝残存体组合复杂,表现出极强的不均一特征,相对完整的单点坝残存体具有似半月状外形特征。

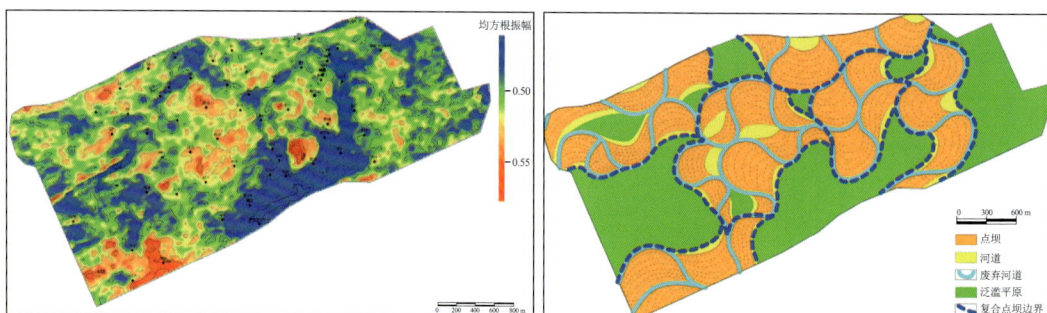

图 8-15　QHD32-6 油田典型单元复合点坝表征

利用曲率体及相干体属性组合,并结合振幅变化率或梯度属性可进一步提高不连续阻渗条带的识别精度(张涛等,2012;张显文等,2018),用于检测复合点坝内部规模更小的不连续废弃河道沉积。曲率属性是利用地层的弯曲程度进行构造解释和储层分析的新方法,由于对各种复杂断层、裂缝、河道及构造弯曲的刻画能力比相干更优越,近年来得到了广泛关注。曲率属性具有明确的地质含义:当地层为水平层和斜平层时,曲率为零,相应的矢量互相平行;当地层为背斜或隆起时,这些矢量是发散的,定义曲率为正;当地层为向斜时,这些矢量是收敛的,定义曲率为负。

以渤海 BZ34-1 油田典型开发单元为例,在河流相大型复合点坝边界检测基础上,利用曲率体属性进一步开展复合点坝内部砂体结构剖析。如图 8-16 所示,目标砂体整体沉积形态呈南北向长轴展布特征,整体为复合河道沉积体,内部发育 2～3 个大型复合点坝,

复合点坝体内小型废弃河道表现出弱振幅响应以及不连续条带状曲率属性响应特征。基于不连续阻渗条带建立地质模型,采用流线场精确描述井间连通情况和注水井注水方向,流线密度代表井间连通性及水驱效果。可以看出,不连续阻渗条带控制了流线的分布,条带相对不发育的区域流线密集,水驱效果较好;反之,条带发育的区域流线稀疏或者无流线,会成为剩余油富集的有利区。

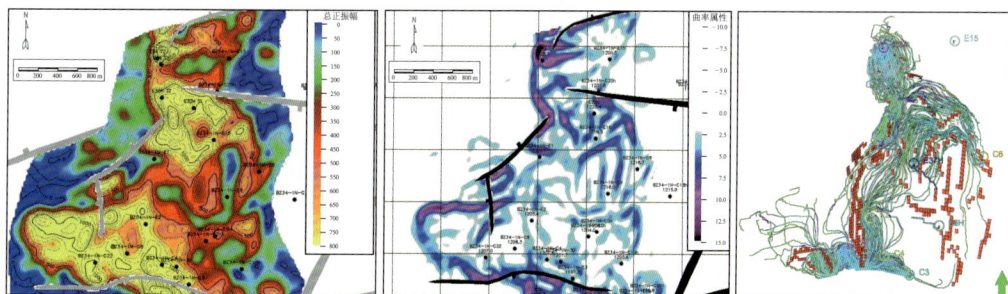

图 8-16 BZ34-1 油田典型单元复合点坝表征

参考文献

陈飞,胡光义,范廷恩,等,2015a. 渤海海域 W 油田新近系明化镇组河流相砂体结构特征[J]. 地学前缘,22(2):207-213.

陈飞,胡光义,范廷恩,等,2015b. 秦皇岛 H 油田陆相下切侵蚀河谷充填特征[J]. 西南石油大学学报(自然科学版),37(5):34-38.

陈伟,孙福街,朱国金,等,2013. 海上油气田开发前期研究地质油藏方案设计策略和技术[J]. 中国海上油气,06:48-55.

高博禹,孙立春,胡光义,等,2008. 基于单砂体的河流相储层地质建模方法探讨[J]. 中国海上油气,20(1):34-37.

胡光义,陈飞,范廷恩,等,2014. 渤海海域 S 油田新近系明化镇组河流相复合砂体叠置样式分析[J]. 沉积学报,32(3):586-592.

胡光义,范廷恩,陈飞,等,2017. 从储层构型到的"地震构型相":一种河流相高精度概念模型的表征方法[J]. 地质学报,91(2):465-478.

胡光义,范廷恩,陈飞,等,2018a. 复合砂体构型理论及其生产应用[J]. 石油与天然气地质,39(1):1-10.

胡光义,范廷恩,梁旭,等,2018b. 河流相储层复合砂体构型概念体系、表征方法及其在渤海油田开发中的应用探索[J]. 中国海上油气,30(1):89-98.

霍春亮,叶小明,高振南,等,2016. 储层内部小尺度构型单元界面表征方法[J]. 中国海上油气,28(1):54-59.

刘超,赵春明,廖新武,等,2014. 海上油田大井距条件下曲流河储层内部构型精细解剖及应用分析[J]. 中国海上油气,26(1):58-64.

裘亦楠,张志松,唐美芳,等,1987. 河流砂体储层的小层对比问题[J]. 石油勘探与开发,14(2):46-52.

孙立春,高博禹,2008. 基于地震解释砂体单元的储层数字地质建模[J]. 天然气工业,28(8):43-45.

王海鹏,2015. 储层非均质性表征及三维地质模型——以渤中 25-1 南油田为例[D]. 大庆:东北石油大学.

吴胜和,纪友亮,岳大力,等,2013. 碎屑沉积地质体构型分级方案探讨[J]. 高校地质学报,19(1):12-22.

吴胜和,李宇鹏,2007. 储层地质建模的现状与展望[J]. 海相油气地质,12(3):53-60.

吴胜和,岳大力,刘建民,等,2008. 地下古河道储层构型的层次建模研究[J]. 中国科学(D辑:地球科学),38(S1):111-121.

吴胜和,翟瑞,李宇鹏,2012. 地下储层构型表征:现状与展望[J]. 地学前缘,19(2):15-23.

肖大坤,胡光义,范廷恩,等,2018. 现代曲流河沉积原型建模及构型级次特征探讨——以海拉尔河、潮白河为例[J]. 中国海上油气,30(1):118-126.

于兴河,2008. 油气储层表征与随机建模的发展历程及展望[J]. 地学前缘,15(1):1-15.

张涛,林承焰,张宪国,等,2012. 开发尺度的曲流河储层内部结构地震沉积学解释方法[J]. 地学前缘,19(2):75-78.

张显文,胡光义,范廷恩,等,2018. 河流相储层结构地震响应分析与预测[J]. 中国海上油气,30(1):110-117.

结束语

经过 10 余年的探索和实践,终于建立了针对海上薄储层的油藏描述理论及技术体系,促进了地震勘探技术向开发阶段的快速延伸,为国内外海上复杂薄层油气田开发方案设计和实施提供了有力的技术保障,实现了海上油气田的高速、高效开发。

随着海上油气勘探开发逐渐向深水、深层以及特殊岩性等新领域拓展,海上薄层油藏描述仍将面临诸多新的难题和挑战!主要是:

挑战之一,海上薄层油藏描述技术体系在不同海域油气田的应用仍不够广泛。目前海上薄层油藏描述技术体系在国内,尤其是渤海湾盆地应用较多,但在国内其他海域以及海外,虽已获得应用,但还不够充分。

挑战之二,海上薄层油藏描述技术体系在不同层系油气藏中的应用亟待拓展。目前海上薄层油藏描述技术体系在新近系浅层油气藏应用较多,在中深层应用相对较少。

挑战之三,海上薄层油藏描述技术体系在不同岩性油气藏的应用还需发展和完善。目前海上薄层油藏描述技术体系在碎屑岩油气藏应用较多,在其他岩性油气藏应用仍较少。

挑战之四,海上薄层油藏描述技术体系定量化、标准化工作尚需进一步开展。目前厚度在 $\lambda/4$ 以上的薄层反演和建模已经实现了一定程度的定量化、标准化,但距离生产实际需求仍有一些差距,需要继续努力。

挑战之五,海上薄层油藏描述技术体系自动化程度仍需不断提高。结合人工智能和大数据分析等新技术的研究进展,这方面的工作思路和想法已经成型,将是未来的一项重要工作。

我国海洋油气资源丰富,总体勘探程度相对较低,海洋油气资源开发将是我国长期、大幅增产的重要方向。面对未来,海上油气藏描述研究更需大胆创新、不断攻关和与时俱进,努力促使海上油气藏描述理论、方法及技术体系在实践的锤炼中不断完善、丰富和发展,标准化水平不断提高,可操作性更强,定量化和自动化程度大幅提高,适应性更加广泛,从而更好地为海洋油气开发服务。